海绵城市建设与运营技术体系

黄绵松　申若竹　闫丹琛　霍道臣　编著

中国建筑工业出版社

图书在版编目（CIP）数据

海绵城市建设与运营技术体系/黄绵松等编著. —北京：中国
建筑工业出版社，2019.8
ISBN 978-7-112-23786-9

Ⅰ.①海… Ⅱ.①黄… Ⅲ.①城市建设-研究 Ⅳ.①TU984

中国版本图书馆 CIP 数据核字（2019）第 103366 号

　　本书系统总结了海绵城市从概念、规划、系统方案、建设过程以及运营管理全流程的体系方案，提出了完整的技术路线和创新方案。根据作者团队近年来几个海绵城市实践项目，本书提供了丰富的案例解析来说明海绵城市建设技术在不同项目中的具体应用，涵盖了小区、道路、公园及水生态治理等海绵城市构建聚焦的项目。全书共分六章，主要内容包括：海绵城市概述；海绵城市建设顶层设计；海绵城市建设与运营技术要点；主要海绵设施的建设与运营；海绵城市建设效益分析；固原海绵城市建设案例。

　　本书是一部系统研究海绵城市建设与运营的工具书，可供广大城市建设的决策者、海绵城市的建造商和运营商、相关专业人员以及高等院校相关专业的师生参考使用。

责任编辑：辛海丽
责任校对：焦　乐

海绵城市建设与运营技术体系
黄绵松　申若竹　闫丹琛　霍道臣　编著
*
中国建筑工业出版社出版、发行（北京海淀三里河路 9 号）
各地新华书店、建筑书店经销
北京科地亚盟排版公司制版
北京缤索印刷有限公司印刷
*
开本：787×1092 毫米　1/16　印张：10¾　字数：267 千字
2019 年 10 月第一版　2019 年 10 月第一次印刷
定价：**108.00** 元
ISBN 978-7-112-23786-9
（34089）

序　一

在国家政策的大力支持下，在试点城市的带动下，海绵城市建设正在全国轰轰烈烈地进行着，及时总结经验、提供借鉴是保证海绵城市持续健康发展的重要举措。

海绵城市是城市发展的新理念、新方式，是健康城镇化的一种发展模式。建设海绵城市就是要转变城市传统的开发模式，从粗犷的建设模式向生态、绿色、文明的发展方式转变。

海绵城市是落实生态文明建设的重要举措，是促进经济和环境协调发展的手段之一。海绵城市建设，就是要保护城市原有的河流、湖泊、湿地、坑塘、沟渠等生态敏感区，发挥其海绵功能；同时，结合绿色建筑、低影响开发以及绿色基础设施建设，利用天然植被、土壤、微生物等净化水质，最大限度地减少城市开发建设行为对原有生态环境造成的破坏，逐步恢复被破坏的城市生态。

海绵城市是城镇化绿色发展的重要方式。海绵城市建设强调保护自然、师法自然、涵养水源、净化水质、调解城市小气候、减少热岛效应。尽可能保留城市生态空间，恢复生态多样性，营造优美的景观环境。

海绵城市体现了创新发展、协调发展、绿色发展、开放发展的新思路，是我国"稳增长、调结构、促改革、惠民生"大政方针的重要内容。海绵城市涉及房地产、道路、园林绿化、水体、市政基础设施等城市建设的方方面面，与新区建设、旧城改造以及棚户区改造密切相关，能够改善城市环境，还可带动环保、新材料、信息等相关产业的发展。通过海绵城市建设促进产业发展和技术进步，包括调蓄、促渗技术的发展，水污染治理行业的发展，以及相关产业新技术、新材料、新设备、新工艺的发展。

海绵城市建设鼓励各地采用 PPP 模式、政府购买服务等方式吸引社会资本投入，可发挥财政资金撬动作用，将公益性项目和收益性项目匹配整合，吸引社会资本共同参与城市建设。有效拉动投资，助力政府和社会资本合作。

自国家 2015 年启动海绵城市建设试点以来，通过政府、社会资本方和业界的积极响应和努力推进，试点城市的水问题得到了明显的改善和提升。在快速推进试点建设的同时，鼓励社会资本参与海绵城市投资、建设和运营管理，稳固实施效果，降低政府管理和实施难度、信赖技术市场活力，形成具有全生命周期建设管理能力的专业力量，形成全产业链的重要企业集团，无疑是非常重要的。这是从项目策划、规划设计、建造运营和资本融资等方面提高效率的重大举措。只有引入市场机制，解决管理体制下的专业需求，才能真正将海绵城市理念具体落地。

本书正是贯彻了这一指导思想，立足海绵城市建设、管理，注重海绵城市建设全生命周期的质量，这对当下——已经进行了几年的海绵城市建设来说尤其重要，是非常及时的。

本书的一大特点是编著团队既是海绵城市 PPP 项目的投资者，也是建设者、管理者。编著团队先后参与了多个海绵试点城市的建设及运营管理工作，具有丰富的建设及管理经验，所思考的问题不限于与海绵城市相关的技术层面，尤其对运营维护、实施组织具有独到的思考和特别的关注。

本书不同于近年来已经出版的一些海绵城市的书籍。编著团队从海绵城市建设管理者和具体操作者的角度，根据实施的经验对政策、规划、系统方案、设计、施工建设和运营维护等多个方面进行了解读和剖析，建立引导全局性质的技术组合层次，突出了海绵城市建设及运营的关键内容和技术要求。

本书对海绵城市主要设施的设计要点、实施要点、运营维护要点都一一做了详细说明，为方便使用，作者还辅以案例进一步进行解释，图文并茂，内容丰富和翔实。特别是作者用完善的建设及运营技术体系作为海绵城市建设的指引，并通过建设案例，提出了不同区域、不同尺度、不同场地条件的海绵化建设及改造方案，为海绵城市的建设提供了宝贵的实践经验。

我相信本书总结凝练的理论和实践经验，对保证工程质量、提高海绵城市建设水平和工作效率、推动海绵城市建设的持续健康发展将发挥积极的作用，乐之为序。

住房城乡建设部海绵城市建设技术指导专家委员会委员
中国城镇供水排水协会副秘书长
教授级高工
2019 年 4 月于北京

序　二

北京首创股份有限公司从 1999 年开始进入水务行业，20 年来一直是水务领域的龙头企业。2015 年开始积极响应国家海绵城市建设的号召，将业务从传统的市政水务拓展到生态水环境治理。经过 3 年的积淀与发展，公司的生态团队认真研究了海绵城市政策和 PPP 合作模式，在海绵城市建设过程中坚持"产学研"的发展路径，发挥公司"专业引领、科技引领、创新引领"的综合优势，不断从项目实际的建设和运营中提取精华，构建海绵化系统建设经验，并在固原、福州、庆阳三个国家级海绵城市试点建设中初见成效。

在海绵城市建设过程中，公司技术团队坚持汇总整理工作，将经验积累到"纸上"，为本书提供了扎实的基础资料。固原海绵城市建设项目是公司深耕海绵城市领域的"第一站"，该项目切实迈出生态治理第一步，不仅保障了西部缺水地区的用水安全，同时也带来了显著的经济和社会效益。本书将固原作为案例，用实践经验生动、实用且直观地再次深入解读海绵城市的概念。

从首创股份开始拓展生态类业务到已有丰富经验的沉淀和可观业务规模的今天，我一直是紧密的参与者和见证者。看到这本经过公司项目沉淀又由公司内部培养出的技术人员编著的海绵城市专业类书籍，我万分欣喜。

为了适应新时代新变革，2018 年，首创集团正式发布"生态＋"发展战略。首创股份通过项目的探索与实践，初步形成了"N 类产品线、八种业务能力、八种管理能力"构成的综合能力图谱，初步具备了"厂网河湖"一体化、"城镇村户"一体化、"技投建运"一体化的水环境综合治理能力。本书重点对海绵城市相关技术进行解析、总结和提炼，是"生态＋"战略中专业引领、科技引领和人才驱动的真实写照，也为公司继续沉淀技术经验、培养优秀人才起到了良好的示范作用。

未来，"生产、生活、生态"三生贯通，三生共赢，人与自然和谐共生，经济、社会、环境协调发展的时代终将到来，首创股份也将真正进化成为生态环境的运营者、城市价值的创造者、美丽中国的守护者和美好生活的服务者，践行环保人的社会价值、守护美丽中国的伟大梦想。

是为序。

刘永政

北京首都创业集团有限公司副总经理
北京首创股份有限公司董事长
2019 年 4 月于北京

前　言

海绵城市，是以现代城市雨洪管理为核心，旨在恢复城市开发前水文循环状态的中国实践。海绵城市技术体系一般涵盖源头减排系统（同低影响开发雨水系统）、雨水管渠系统、超标雨水径流排放系统，并与城市污水系统、合流制系统、防洪系统紧密衔接。下雨时吸水、蓄水、渗水、净水，需要时将蓄存的水"释放"并加以利用。海绵城市建设理念使城市在适应环境变化和应对雨水带来的自然灾害等方面具有良好的"弹性"，与"弹性城市"的建设理念不谋而合。

在习近平总书记和李克强总理的大力倡导之下，各地均在积极推动关于海绵城市试点的建设工作。作为城市发展理念和建设方式转型的重要标志，目前全国已有 500 多个城市编制了海绵城市专项规划、建设实施方案或系统方案。近年，国内海绵城市建设工作在政府的大力支持、资金的充分保证、企业的全力配合之下蓬勃开展。

北京首创股份有限公司是国内最早投入水环境综合服务领域的国有大型水务企业，通过积极探索和不断创新，努力践行以水生态为核心的城市价值管理理念。作为 PPP 项目的社会资本方，先后参与了固原、福州、庆阳三个海绵城市试点的建设及运营管理工作，统筹项目全生命周期多角度多层次的维度目标，助力实现城市整体价值的最大化。

海绵城市是一个跨领域、多学科交叉的系统工程，需要科学的技术指导和合理的管理制度。目前，图书市场关于"海绵城市"的图书涉及的内容多以规划和设计为主。编写团队希望通过近年来的海绵城市建设实践工作，编著一部系统研究海绵城市建设及运营管理的工具书。从海绵城市建设管理者和具体操作者的角度思考，总结海绵城市建设经验，进而梳理提炼集概念、规划、系统方案、建设过程以及运营管理于一体的全生命周期建设体系，提出完整的技术路线和创新方案。本书对住房城乡建设部提出的 17 种海绵设施的概念结构、使用范围、优缺点、设计要点、建设要点、运营维护要点及建设案例做了全方位的解读。尤其在结合国内工程实践及国外先进经验的基础上，创新性地对各项设施的运营维护要点、维护标准及流程、维护所用的设备材料进行了极为详细的阐述。随着国内第一批、第二批海绵城市由建设转入运营期，本书将成为一部翔实描述运营管理理念和方法的参考文献。

同时，本书编写团队依据实践经验，提供了丰富的案例解析来说明海绵城市建设技术在不同项目中的具体应用方式，包括了建筑与小区、城市道路、公园及水生态治理等海绵城市构建聚焦的项目。

本书汇聚了北京首创股份有限公司在海绵城市建设实践中，在理念、技术、管理等多方面的经验总结。在编写过程中得到了宁夏首创海绵城市建设发展有限公司的大力支持。也特别感谢中国建筑工业出版社辛海丽编辑给予的鼓励和帮助。

我们希望借此书的出版为海绵城市建设尽一份力量，但限于学科发展及个人知识水平，有不足或纰漏之处，还请读者指正。

目　　录

第1章 海绵城市概述

1.1 海绵城市定义

城镇化是一个自然历史过程，是我国发展必然要遇到的经济社会发展过程。城镇化是保持经济持续健康发展的强大引擎，是推动区域协调发展的有力支撑，也是促进社会全面进步的必然要求。然而，快速城镇化的同时，城市发展也面临巨大的环境与资源压力。硬化地面的大量增加阻碍了雨水的自然下渗，也占用了能够涵养水源的林地、草地、湖泊、湿地，改变了城市原有的生态本底和水文特征。植被面积减少和地面渗水能力下降，切断了自然的水循环，容易造成城市"逢雨必涝，雨后即旱"的情况。

在这样的背景下，2013年习近平总书记在《中央城镇化工作会议》首次提出海绵城市的理念："提升城市排水系统时要优先考虑把有限的雨水留下来，优先考虑更多利用自然力量排水，建设自然存积、自然渗透、自然净化的海绵城市"。2014年住房城乡建设部出台《海绵城市建设技术指南》，对海绵城市的概念进行了细化和梳理，着力引导低碳生态的设施规划和建设思维方式在城乡建设上的综合应用。2015年国务院发布《关于推进海绵城市建设的指导意见》，通过海绵城市的建设，综合采取"渗、滞、蓄、净、用、排"等措施，最大限度地减少城市开发建设对生态环境的影响，将70%的降雨就地消纳和利用；同年，财政部、住房城乡建设部和水利部联合发布《关于开展中央财政支持海绵城市建设试点工作的通知》，正式启动首批海绵城市建设试点的申报工作。2017年政府工作报告中明确提出"推进海绵城市建设"，国务院对各城市中长期海绵城市建设提出了明确指标要求。

海绵城市是指城市能够像海绵一样，在适应环境变化和应对自然灾害等方面具有良好的"弹性"，下雨时吸水、蓄水、渗水、净水，需要时将蓄存的水"释放"并加以利用[1]。

海绵城市遵循生态优先等原则，将自然途径与人工措施相结合，在确保城市排水防涝安全的前提下，最大限度地实现雨水在城市区域的积存、渗透和净化，促进雨水资源的利用和生态环境保护，如图1.1-1所示。在海绵城市建设过程中，应统筹自然降水、地表水和地下水的系统性，协调给水、排水等水循环利用各环节，并考虑其复杂性和长期性。

海绵城市建设是城市发展到一定阶段的必然需求，是生态文明建设的重要内容，是实现城镇化和环境资源协调发展的重要体现。通过人工和自然的结合、生态措施和工程措施的结合、地上和地下的结合，可以有效解决城市内涝、降低径流污染、缓解水资源短缺等"城市病"。

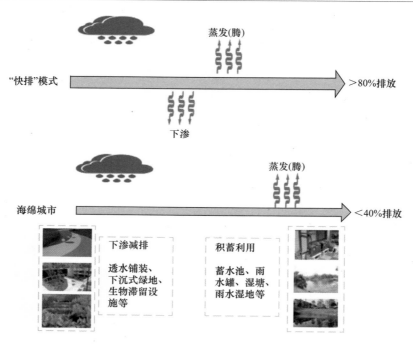

图 1.1-1　海绵城市转变传统排洪防涝思路

1.2　海绵城市的核心

海绵城市的核心内容是现代城市雨水管理，实质上就是合理地控制城市下垫面的雨水径流，使大量雨水就地消纳和吸收利用。是实现从及时排、就近排、速排干的工程排水时代跨入到"渗、滞、蓄、净、用、排"六位一体的综合排水、生态排水并兼顾污染控制等综合目标的历史性、战略性的转变。

（1）渗

由于现代城市下垫面多为不透水的硬质铺装，改变了原有自然生态本底和水文特征。因此"渗"是目前海绵城市建设关键点，改变"快速排水"和"集中处理"的规划设计理念，保护并恢复城市中原有的绿地等天然海绵体，同时增加透水铺装、下沉式绿地，雨水花园等可渗透下垫面（图 1.2-1）。通过增大雨水下渗比例，减少雨水从硬化路面、屋顶等汇集到管网里从而流失；同时可以涵养地下水，补充地下水的不足，还能通过土壤净化水质，改善城市微气候。

（2）滞

城市短历时强降雨会对下垫面产生冲击，形成快速径流，在低洼区导致内涝。"滞"的目的是延缓短时间内形成的雨水径流量，采用模拟自然的方式增加径流时间以此削减径流峰值。比如通过微地形调节，在竖向设计上适当地让绿地、公园、广场等区域低于地面，采取下沉式的建设方式（图 1.2-2），可以有效地滞留地表径流，达到削峰错峰效果。

图 1.2-1　海绵城市关键要素——渗

图 1.2-2　海绵城市关键要素——滞

（3）蓄

人工建设破坏了自然地形地貌，短时间内雨水集中汇集，就形成了内涝。"蓄"主要通过增加储水空间，保证雨水在外排前积存于场地设施，以达到调蓄和错峰的目的。首先应对城市原有的河流、湖泊、湿地等进行保护，并且对已经遭到破坏的水生态环境进行修复。另外，并根据城市的自身情况建设雨水收集调蓄设施，调节雨水的时空分布，便于对雨水的使用（图 1.2-3）。

图 1.2-3　海绵城市关键要素——蓄

（4）净

"净"主要是指通过土壤、植被、绿地系统、水体等实现对雨水的净化，目的是减少面源污染，改善城市水环境（图1.2-4）。雨水净化系统根据区域环境不同设置不同的净化体系，根据城市现状可将区域环境大体分为三类：居住区雨水收集净化、工业区雨水收集净化、市政公共区域雨水收集净化。根据这三种区域环境可设置土壤渗滤净化、人工湿地净化、生物处理等不同的雨水净化措施。

图1.2-4　海绵城市关键要素——净

（5）用

"用"是将收集到的雨水再次利用的过程。雨水经过土壤渗滤净化、人工湿地净化、生物处理等措施净化后要尽可能被利用，不管是丰水地区还是缺水地区，都应该加强对雨水资源的利用（图1.2-5）。合理的利用能使水资源安全有序释放，缓解洪涝灾害和水资源短缺的问题。

图1.2-5　海绵城市关键要素——用

（6）排

"排"是利用城市竖向与工程设施相结合，人工排水防涝设施与天然水系相结合，地面排水与地下雨水管渠相结合的方式来实现常规排放和超标雨水的排放，避免内涝等灾害（图 1.2-6）。

图 1.2-6　海绵城市关键要素——排

1.3　海绵城市的建设途径

海绵城市旨在通过对规划、设计、建设、运营与管理的全过程管控，转变传统的城市发展方式与雨水管理理念，有效管控城市雨水径流。将城市雨水管控的技术路线由传统的"末端治理"为主转变为"源头减排、过程控制、系统治理"；管控模式由"快排"为主转变为"渗、滞、蓄、净、用、排"的系统管控；由"地下灰色排水管渠系统"为主转变为"水质与水量、生态与安全、分布与集中、绿色与灰色、景观与功能、地上与地下、岸上与岸下"多方面统筹协调的雨洪控制利用系统；由给水排水专业为主，转变为给水排水、环境工程、水利工程、水文水资源、水土保持等涉水专业，密切衔接城市规划、园林景观、道路交通等多专业、多领域合作方式。

海绵城市力求维持城市开发前后水文特征基本一致，尽可能降低对生态环境的影响，核心理念与"低影响开发"一致。"低影响开发"强调维持场地开发前后水文特征不变，包括径流总量、峰值流量、峰现时间等。从水文循环角度，要维持径流总量不变，就要采取渗透、储存等方式，实现开发后一定量的径流量不外排；要维持峰值流量不变，就要采取渗透、储存、调节等措施削减峰值、延缓峰值时间[2]。在"低影响开发"理念的指引下，海绵城市建设要统筹构建源头减排系统、城市雨水管渠系统和超标雨水径流排放系统，如图 1.3-1 所示。建立包括径流总量、径流峰值、径流污染与溢流污染的综合目标和指标体系。

源头减排系统主要针对高频率中、小降雨事件，在场地开发过程中采用绿色屋顶、透水铺装、雨水花园、植草沟等相对小型、分散的设施维持场地开发前的水文特征，通过对雨水的渗透、储存、调节、转输与截污净化等功能，有效控制径流总量、径流峰值和径流污染。

城市雨水管渠系统即传统排水系统，主要控制 1～10 年重现期的暴雨，包括传统排水系统的管渠、泵站等灰色雨水设施，并结合源头减排系统来进一步提升排水能力，构建综合的蓄排系统实现对雨水的综合控制，以保障城市人民的生命财产安全及工农业生产的正常进行。

超标雨水径流排放系统主要控制 10～100 年重现期的暴雨，用于应对超过雨水管渠系统设计标准的暴雨径流。一般通过综合选择自然水体、多功能调蓄水体、开放空间的行泄通道、调蓄池、深层隧道等自然途径或人工设施构建，并叠加源头减排系统与城市雨水管渠系统，同时与防洪系统衔接，共同达到相应控制目标。

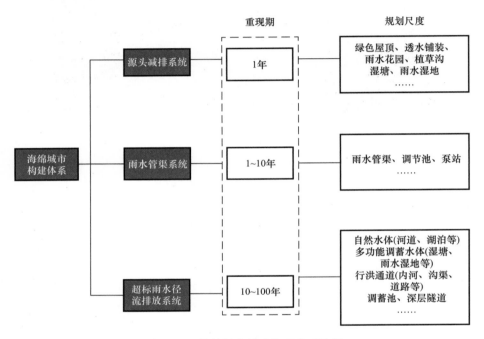

图 1.3-1　海绵城市构建体系典型构架

源头减排系统、城市雨水管渠系统和超标雨水径流排放系统并非截然的分割，需整体衔接、综合规划设计。

1.4　建设绩效评价与考核办法

为推进城市生态文明建设，促进城市规划建设理念转变，科学评价海绵城市建设成效，应对建设效果进行绩效评价与考核。

住房城乡建设部 2015 年颁发的《海绵城市建设绩效评价与考核办法（试行）》（以下简称《办法》）搭建了全面、科学的海绵城市建设绩效评价平台，为进一步落实我国海绵城市的绩效评价提供了指导性意见。《办法》将绩效评价与考核指标分为水生态、水环境、水资源、水安全、制度建设及执行情况、显示度六个方面，具体指标、要求和方法如表 1.4-1 所示。

表1.4-1

海绵城市建设绩效评价与考核指标[3]

类别	项	指标	要求	方法	性质
一、水生态	1	年径流总量控制率	当地降雨形成的径流总量，达到《海绵城市建设技术指南》规定的年径流总量控制率要求。在低于年径流总量控制率所对应的降雨量时，海绵城市建设区域雨水不得出现雨水外排现象	根据实际情况，在地块雨水排放口、关键管网节点安装流量计量装置及雨量监测装置，连续（不少于一年，监测频率不低于15分钟（次）进行监测；结合气象部门提供的降雨数据、相关设计图纸，设施规模及衔接关系等进行分析，必要时通过模型模拟分析计算	定量（约束性）
	2	生态岸线恢复	在不影响防洪安全的前提下，对城市河湖水系岸线、加装盖板的天然河渠等进行生态修复，恢复其生态功能	查看相关设计图纸、规划、现场检查等	定量（约束性）
	3	地下水位	年均地下水潜水位保持稳定，或下降趋势得到明显遏制，平均降幅低于历史同期。年均降雨量超过1000mm的地区不评价此项指标	查看地下水潜水位监测数据	定量（约束性、分类指导）
	4	城市热岛效应	热岛强度得到缓解。海绵城市建设区域夏季（按6~9月）日平均气温不高于同期其他区域的日平均气温，或与同区域历史同期（扣除自然气温变化影响）相比呈现下降趋势	查阅气象资料，可通过红外遥感监测评价	定量（鼓励性）
二、水环境	5	水环境质量	不得出现黑臭现象。海绵城市建设区域内的河湖水系水质不低于《地表水环境质量标准》Ⅳ类标准，且优于海绵城市建设前的水质。当城市内河水系存在上游来水时，下游断面主要指标不得低于来水指标	委托具有计量认证资质的检测机构开展水质检测	定量（约束性）
			地下水监测点位水质不低于《地下水质量标准》Ⅲ类标准，或不劣于海绵城市建设前	委托具有计量认证资质的检测机构开展水质检测	定量（鼓励性）
	6	城市面源污染控制	雨水径流污染、合流制管渠溢流污染得到有效控制。1. 雨水管网不得有污水直接排入水体；2. 非雨水直排或合流制管渠溢流进入城市内河水系，应采取生态治理后入河，确保海绵城市建设区域内的河湖水系不低于地表Ⅳ类	查看管网排口，辅助以必要的流量监测手段，并委托具有计量认证资质的检测机构开展水质检测	定量（约束性）
三、水资源	7	污水再生利用率	人均水资源量低于500立方米和缺水地区内水体环境质量低于Ⅳ类标准的城市，污水再生利用率不低于20%。再生水包括污水经处理后，通过管道及输配设施，用于市政杂用、工业农业、园林绿地灌溉用水，以及经过人工湿地、生态处理方式，主要指标达到或优于地表Ⅳ类水质要求的污水厂尾水	统计污水处理厂（再生水厂、中水站等）的污水再生利用量和污水处理量	定量（约束性、分类指导）

续表

类别	项	指标	要求	方法	性质
三、水资源	8	雨水资源利用率	雨水收集并用于道路浇洒、园林绿地灌溉、市政杂用、工业生产、冷却等的雨水总量（按年计算，不包括汇入景观、水体的雨水量和自然渗透的雨水量；与年均降雨量（折算成毫米数）的比值；或雨水利用量替代的自来水比例等）各地根据实际确定的目标	查看相应计量装置、计量统计数据和计算报告等	定量（约束性，分类引导）
	9	管网漏损控制	供水管网漏损率不高于12%	查看相关统计数据	定量（鼓励性）
	10	城市暴雨内涝灾害防治	历史积水点彻底消除或明显减少，或者在同等降雨条件下积水程度显著减轻。城市内涝防治达到《室外排水设计规范》规定的标准	查看降雨记录、监测记录等，必要时通过模型辅助判断	定量（约束性）
四、水安全	11	饮用水安全	饮用水水源地水质达到国家标准要求：以地表水为水源的，一级保护区水质达到《地表水环境质量标准》Ⅱ类标准和饮用水源保护和饮用水环境质量达到《地表水环境质量标准》Ⅱ类标准，特定项目达到《地表水环境质量标准》Ⅲ类标准的要求。以地下水为水源的，水质达到《地下水质量标准》Ⅲ类标准的要求。自来水厂出厂水、管网水龙头水达到《生活饮用水卫生标准》的要求	查看水源地水质检测报告和自来水厂出厂水、管网水、龙头水水质的检测报告。检测报告须由有资质的检测单位出具	定量（鼓励性）
五、制度建设及执行情况	12	规划建设管控制度	建立海绵城市建设的规划（土地出让、两证一书）、建设（施工图审查、竣工验收等）方面的管理制度和机制	查看出台的城市控详规、相关法规、政策文件等	定性（约束性）
	13	蓝线、绿线划定与保护	在城市规划中划定蓝线、绿线并制定相应管理规定	查看当地相关城市规划及出台的法规、政策文件	定性（约束性）
	14	技术规范与标准建设	制定较为健全、规范的技术文件，能够保障当地海绵城市建设的顺利实施	查看地方出台的海绵城市工程技术、设计施工相关标准、技术规范、图集、导则、指南等	定性（约束性）
	15	投融资机制建设	制定海绵城市建设投融资、PPP管理方面的制度政策	查看出台的相关政策文件等	定性（约束性）
	16	绩效考核与奖励机制	1. 对于吸引社会资本参与的海绵城市建设项目，须建立按效果付费的绩效考评机制，与海绵城市建设成效相关的奖励机制等；2. 对于政府投资项目，维护与海绵城市建设成效相关的责任落实与考核机制等	查看出台的政策文件等	定性（鼓励性）
	17	产业化	制定促进相关企业发展的优惠政策等	查看出台的政策文件，研发与产业基地建设等情况	定性（鼓励性）
六、显示度	18	连片示范效应	60%以上的海绵城市建设区域达到海绵城市建设要求，形成整体效应	查看规划设计文件，相关工程项目的竣工验收资料。现场查看	定性（约束性）

通过分析《办法》的具体内容，可以得出目前我国海绵城市建设绩效评价的主要特点如下[4]：

（1）政府主导，第三方机构配合

当前对于国家海绵城市试点的绩效评价以政府主导，政府是海绵城市绩效考核标准的制定者、考核执行监督者和考核实际执行者。省级住房城乡建设主管部门负责执行考核，住房城乡建设部负责指导、监督及抽查海绵城市建设绩效评价与考核情况，第三方机构负责配合政府部门考核的具体工作。

（2）以生态优先为原则，以促进生态文明建设为总目标

我国海绵城市建设评价内容主要以环境、生态、社会、管理等绩效为主，其中重点强调环境绩效中的水生态、水环境、水资源、水安全、社会绩效、管理绩效均围绕环境评价标准，彰显出生态环境优先原则。

（3）定量为主、定性为辅，约束为主、鼓励为辅

18 个二级指标中定量指标 11 个，定性指标 7 个；全通约束指标 13 个，鼓励指标 5 个，旨在强调当前海绵城市建设除硬性达标外，部分指标可酌情考量。

第2章 海绵城市建设顶层设计

2.1 海绵城市专项规划

海绵城市建设是一种新型的城市发展方式，涉及多专业在不同尺度上的协调工作，尤其对于生态格局、城市竖向、绿地分布等方面，势必出现大量协调工作，这使得规划引领和统筹工作显得尤为重要。另一方面，海绵城市建设历时长，不同阶段所需要的原则、目标、指标的深入程度又不同，既需要在一定时间、一定区域内开展专项规划对近期建设予以系统地指导，又需要总体规划、详细规划、相关专项规划的支撑和最终落实[5]。

综上，海绵城市的规划工作要将海绵城市理念融入城市各层级规划中，涉及规划、园林、水利、市政、环境、交通等多部门、多专业之间的相互协调运作。与营造城市空间的传统规划不同，海绵城市规划关注的是城市与生态环境尤其与水的关系，这就需要打破城市规划、园林、市政等专业的被动配合与有限交互局面，解决不同专业技术协调性不足的困顿[6]。

2.1.1 规划定位

根据《城乡规划法》和《海绵城市专项规划编制暂行规定》，海绵城市专项规划是城市总体规划的重要组成部分，要从加强雨水径流管控的角度提出城市层面落实生态文明建设、推进绿色发展的顶层设计，明确修复城市水生态、改善城市水环境、保障城市水安全、提高城市水资源承载能力的原则和系统方案[7]。

在规划阶段，海绵城市需要在总体规划、海绵城市及相关专项规划、控制性详细规划和修建性详细规划等不同规划中有不同体现，为城市规划建设管理在不同阶段提供管控依据和支撑。

城市总体规划应创新规划理念与方法，将海绵城市作为新型城镇化和生态文明建设的重要手段，强调海绵城市建设的意义、理念、总体目标、生态格局保护等，谨慎确立城市与山水相依的重要关系。应结合所在地区的实际情况，开展海绵城市的相关专题研究，在绿地率、水域面积率等相关指标基础上，增加年径流总量控制率等指标，纳入城市总体规划。根据城市的气象水文地质条件，用地性质、功能布局及近远期发展目标，综合经济发展水平等其他因素提出海绵城市空间管控策略及重点建设区域[8]。

海绵城市专项规划应针对洪涝安全、径流污染控制、水文循环、生态修复等方面进行详细分析，确定建设目标、指标体系与系统方案，并与相关专项规划有效衔接。

控制性详细规划阶段与修建性详细规划阶段需要确定海绵城市建设的各项指标、竖向、用地布局等要求，将海绵城市控制指标明确纳入地块出让或改造要求，并进一步指导工程建设。

海绵城市专项规划与城市总体规划、相关专项规划、控制性详细规划和修建性详细规划等的关系如图2.1-1所示。

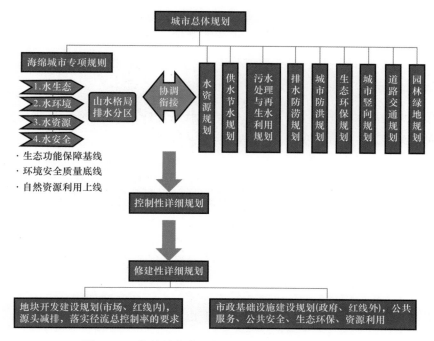

图 2.1-1 海绵城市专项规划在城市规划体系的位置

2.1.2 规划基本原则

海绵城市的规划应首先从水生态、水环境、水资源、水安全等方面出发，制定总体目标，然后以海绵城市建设分区为依据，将总体目标进行合理分解。海绵城市规划开展中应遵循以下几点原则[9,10]：

（1）在实际建设中应秉承以生态为本的原则。对水生态敏感区进行优先保护，主要包含城市之中的湖泊、坑塘、湿地、沟渠、河流等区域，发挥其对雨水的积存作用，并利用土壤、植被在内的自然下垫面来对雨水进行渗透，同时发挥相应的净化效果，实现城市中水体的自然循环。若采用工程设施进行建设则应优先选取影响较低的设施。

（2）确定海绵城市总体规划建设的目标及指标时，需遵循因地制宜的原则。根据不同区域的水文气象条件、地理因素、城市发展阶段、社会经济情况、文化习俗等分门别类地制定海绵城市规划目标和指标，有针对性地选择相关的技术路线和设施，确保规划方案的可实施性与有效性。

（3）问题导向与目标导向相结合。通过实地调研和分析找出城市在水生态、水环境、水资源和水安全等方面存在的问题，以主要问题为导向开展有针对性的海绵城市建设。统筹源头径流控制系统，城市雨水管渠系统，排涝除险系统及防洪系统，衔接生态保护、河湖水系、污水、绿地、道路系统等基础设施，建立相互依存、相互补充的城市水系统。

（4）统筹协调。海绵城市专项规划是城市总体规划中的重要组成部分，要与已有的专项规划协调衔接，发挥综合效益。需要将海绵城市建设与各类型项目相结合，加强对各基本系统和要素的研究，促使相互之间协调有序，规避可能出现的各类问题和隐患，然后指导下阶段控制性详细规划与修建性详细规划的编制，最终落地实施。

（5）规划编制应有科学依据。对重大问题、关键指标以及重要技术环节需要进行多方实证数据支持和校验，强调水文、降雨、地质等基础资料的累积，并鼓励运用先进的规划辅助技术等。

2.1.3　规划目标

海绵城市规划从水生态、水环境、水资源和水安全四个方面定位，实现修复城市水生态、改善城市水环境、涵养城市水资源和提高城市水安全的目标。

（1）水生态

划定蓝线（水系保护线）、绿线（生态控制线），加强山、水、林、田、湖等生态空间的有效保护并稳步提升城市建成区绿化覆盖率；要做好源头径流控制与利用，力争将大部分降雨就地消纳和利用。

（2）水环境

加强黑臭水体治理，在完善城市排水系统的基础上，有效控制径流污染及合流制溢流污染，改善城市水环境质量。

（3）水资源

保护水源地，降低管网漏损，推进节水型城市建设和最严格的水资源管理。

（4）水安全

完善排水防涝系统，基本解决城市内涝积水问题，重视和完善城市雨水管渠等基础设施建设，统筹源头减排设施、超标暴雨的调蓄与排放设施建设，综合提高城市排水及内涝防治能力。

2.1.4　规划实施保障

（1）加强海绵城市建设的规划管控，科学编制规划。结合城市总体规划、控制性详细规划以及道路、绿地、水等相关专项规划的编制，要将海绵城市专项规划的目标、指标和相关要求分层分级纳入相关法定规划的内容。加强蓝线、绿线的管理和控制，制定相关管理规定，划定城市蓝线时，要充分考虑自然生态空间格局。建立区域雨水排放管理制度，明确区域排放总量，确保将年径流总量控制率等刚性指标层层落实到具体的建设项目中。

（2）严格落实规划。在城市的建设项目选址、规划许可环节，要明确将海绵城市建设的要求纳入相关许可证的发放中，并作为项目建设的前置条件，以确保开发建设前后，城市降雨的水文特征能够基本保持不变。在施工许可和竣工验收等环节，要将海绵城市建设的相关内容和要求作为重要审查方面，确保海绵城市的相关设施建设能够满足要求。

（3）修订完善与海绵城市建设相关的标准规范，突出海绵城市建设的关键性内容和技术性要求。结合海绵城市建设的目标和要求，编制相关工程建设标准图集和技术导则，指导海绵城市建设[11]。

2.2　海绵城市建设系统方案

2.2.1　系统方案定位

海绵城市建设要综合统筹"源头减排、过程控制、系统治理"等措施之间的关系，协调好水生态、水环境、水资源、水安全系统间的关系，从解决问题的角度出发明确工程措施和效果之间的关系，从目标导向出发明确自然本底保护和规划管控的要求，这就需要在建设过程中突出系统性、综合性。

海绵城市专项规划作为城市总体规划的重要组成部分，是从加强雨水径流管控的角度提出城市层面落实生态文明建设、推进绿色发展的顶层设计，着重于水生态、水环境、水资源、水安全四个方面的总体管控及引导。相对于专项规划，系统方案针对以上四个方面进行具体细化和分解，强调近期对海绵城市建设的指导，并且可以因地制宜地持续调整。系统方案以专项规划内容为基础，以问题或目标为导向分解指标，对海绵城市建设区进行详细踏勘，对各个指标进行核算，在整体布局的基础上完善其具体细节，提出建设建议及指导，解决实际民生问题。

综上所述，专项规划偏重于方向和指标的确定，而系统方案则相对来说更加具体。专项规划偏向于法定的强制要求，系统方案强调近 2~3 年的指导并不断调整。

目前在国家海绵城市试点建设中，住房城乡建设部均要求各城市编制海绵城市建设系统方案，主要是建立规划和设计的桥梁，从规划到系统方案是细化落实指标、结合实际优化，从系统方案到设计是统筹优化要求、明确边界责任。从完成整体目标的角度，统筹源头、过程和末端工程体系，协调灰色和绿色设施关系，梳理多工程体系与目标实现之间的关系，进行多工程优化组合，综合考虑经济性、落地性和实施难度，力求做到整体效果最优。

2.2.2　系统方案编制的要求

系统方案的编制不能"头疼医头、脚疼医脚"，要从"源头减排、过程控制、系统治理"三个方面进行统筹考虑[12]。在编制过程中要从解决问题、统筹关系、梳理边界、理清体系几个方面注重和提高系统性。

（1）系统化解决问题

解决问题不能非此即彼，要在源头、过程、末端之间寻找合理的组合，达到经济高效。

（2）系统化统筹关系

统筹好内涝、水体黑臭等问题对不同单体项目的要求，以使具体建设项目达到同时解决内涝和黑臭等多个问题的系统性最优的要求。

（3）系统化梳理边界

理清源头、过程、末端的项目之间"责任分担"，明确不同项目主体之间的责任划分。

（4）系统化理清体系

需要将单一系统内部关系梳理清晰，如污水系统中污水处理厂、干线系统和雨污混合溢流污水（CSO）截流调蓄的关系，使之规模衔接、匹配。

2.2.3　系统方案编制的技术路线

系统方案编制的技术路线可按现状调查、问题识别、原因分析、目标确定、排水分区划分、工程体系布局及综合保障措施的顺序进行，如图 2.2-1 所示。基于建设区域的生态本底条件，综合分析现状问题，依据海绵城市建设目标，按照源头减排、过程控制、系统治理的思路，从保护水生态、改善水环境、提升水资源承载能力、保障水安全等方面提出可行、适宜的系统化方案。

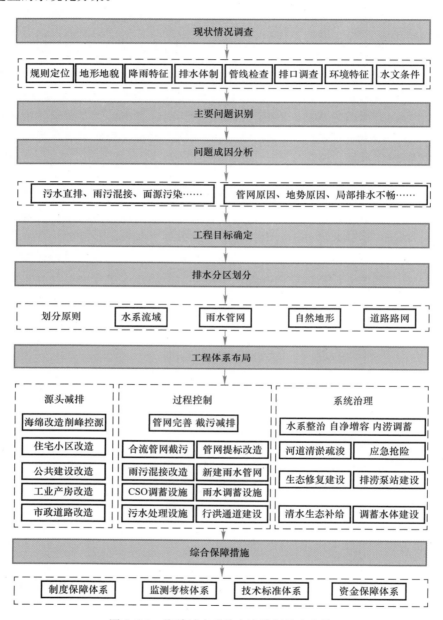

图 2.2-1 海绵城市系统方案编制技术路线

第3章 海绵城市建设与运营技术要点

3.1 系统化实践思路

海绵城市建设强调综合目标的实现，其实质是通过源头减排、过程控制、系统治理等手段构建持续健康的水循环系统[13]。这决定了海绵城市建设应该统筹全局，突出体现连片效应，避免采取碎片化方式推进。应通过设计、实施、运营等全过程、多专业的协调与管控，重点构建源头减排系统，采用源头分散的小型控制设施维持和保护场地自然水文功能，有效缓解城市不透水面积增加造成的洪峰流量增加、径流系数增大、面源污染负荷加重等城市问题[14]。在保证城市道路、绿地等原有功能的同时合理规划用地布局与竖向设计，使源头减排系统与城市雨水管渠系统、超标雨水径流排放系统有效衔接，充分发挥城市"绿色"基础设施与"灰色"基础设施协同作战的能力。

在传统建设项目的管理模式下，项目设计阶段、实施阶段、运营维护阶段往往各自独立，项目参与各方在一定程度上彼此孤立，信息不流通。不同阶段的项目目标、计划和控制管理的主要对象也不同[15]。但海绵城市建设推进时间短，且具有多目标、系统性强、项目复杂、差异化明显、跨专业跨主体等特点。因此，在探索实践的过程中，统一设计阶段、实施阶段和运营维护阶段的责任主体，采用设计、实施、运营一体的系统化管理化模式，项目责任主体拥有建设方和运营方的双重角色，有助于缩短建设工期、保证可施工性及提高运营效率，最终提升项目建设和运营的整体效果，从而实现海绵城市建设全生命周期的最优选择，如图 3.1-1 所示。

图 3.1-1 海绵城市全生命周期一体化机制图

3.2 方法与要点

3.2.1 设计阶段

海绵城市需实现"水生态、水环境、水资源、水安全"多位一体的建设目标，因此海

15

绵城市的设计需要对城市水循环的各个环节做出全面分析，充分考虑整个城市的各方面影响因素，有效结合城市总体规划、专项规划，科学地根据城市发展要求，做出针对城市特点的系统性设计[16]。以排水分区为基本单元梳理海绵城市建设项目体系，涵盖建筑与小区、道路、绿地与广场、水系等项目类型，综合实现海绵城市总体建设目标。海绵城市项目的设计主要包括以下几个重要环节：

（1）资料调研。设计前充分了解项目建设区域水文及水资源条件、气象条件、地质情况、土壤渗透性、排水条件、植被资料、建筑密度、水环境污染情况等。

（2）建设本底分析。根据项目的本底条件，对海绵城市适建性进行分析，并对项目竖向高程及场地排水系统进行分析，如场地坡向及坡度、水体的位置、雨水径流汇集路径、排水管网设置等。

（3）建设用地选择与优化。优先考虑使用原有绿地、河湖水系、自然坑塘、废弃土地等用地，借助已有用地和设施，结合景观进行规划设计，以自然为主，人工设施为辅。

（4）依据建设目标，选择适用的海绵城市技术、设施及其组合。

（5）方案设计与设施布局。根据排水分区，结合项目地质条件，周边用地性质、绿地率、水域面积率等条件，综合确定海绵设施的类型与布局。明确项目建设周边地块海绵设施衔接情况，充分发挥海绵城市建设条件好的地块的海绵辐射功能，与适建性较低区域协同开发。

（6）确定设施规模与形式。海绵设施规模设计应根据水文和水力学计算得出，也可根据模型模拟计算得出。需明确雨水径流控制量、雨水收集回用量、综合雨量径流系数等指标，确定设施组合形式、设计尺寸、构造设计、构造材料要求等。并进行海绵化建设目标可达性分析。

（7）工程量及投资概算。明确总工程量及分项工程量、投资概算、运营成本以及预期效益。

3.2.2 实施阶段

海绵城市实施过程中，应加强施工监督力度，保障施工安全，确定施工责任，加强各部门的合作，采用科学方法，降低海绵城市施工对城市雨水系统的影响[17]。考虑到海绵城市建设多专业和复杂性的特点，实施阶段主要包括如下几方面要点：

（1）项目施工工期安排。海绵城市项目建设内容复杂，往往一个项目内涉及多个子项目的统筹协调，应根据开工难易度，项目效果等综合安排。一般来说，可优先推进效果较好的建筑与小区、道路、公园广场等展示项目，建立示范样例，再进行推广。

（2）明确施工责任，加强各部门合作。海绵城市的施工需要对施工中所涉及的排水、交通以及水文等问题进行全面安排，应提前到相关部门进行报备，明确责任主体后再进行施工。

（3）建设过程中的防护措施。施工现场应做好水土保持措施，减少施工过程对场地及其周边环境的扰动和破坏。如采用围堰、沙土沙袋、沉泥坑等多种方式进行防护，避免水土冲蚀影响下游。

（4）应按照先地下后地上的顺序进行施工。防渗、水土保持、土壤介质回填等分项工程的施工应符合设计文件及相关规范的规定。

（5）地下设施完善度检查。海绵城市建设后，雨水花园、植草沟等设施的效果一般比较容易检验，但对于地下管网、渗透管等隐蔽设施，需要在竣工后及时进行清理和检测，避免堵塞、破损等问题给运营维护造成影响。

3.2.3　运营阶段

运营阶段是保证各项设施正常运作、发挥效能，进而保障海绵城市建设可持续发展的重要环节。海绵城市的设施种类较多，空间布局比较分散，总体数量较大，但各项目关联度强、绩效及产出一致、边界不可分割。若疏于维护管理，必然会导致局部和整体难以达到理想效果。为保证海绵城市各项设施的长久运营，应对各设施进行日常管理，对植物进行常规养护，并应注意降雨之后的检修管理。运营维护管理阶段要点主要包括：

（1）建立维护管理制度与方案。建立健全的海绵城市各项设施的维护管理制度和操作规程，配备专职管理人员和相应的监测手段，工作人员应经过专业技术培训上岗，所有的维护工作应做维护管理记录。

（2）加强海绵城市设施数据库的建立与信息技术的应用，通过数字化信息技术手段，为海绵城市设施运行提供科学支撑。

（3）对设施的效果进行监测和评估，建立运营考核制度。按季度、年对项目总体运营水平进行评估，并明确次轮整改或维护的主要内容，确保设施的功能得以发挥。

（4）建立风险评估体系。建立各类海绵设施维护管理风险评估体系，针对设施的影响不同，分级进行不同频率和精细程度的维护管理，抓住重点问题与重点项目进行维护。

3.3　海绵城市建设主体

海绵城市建设既要实现生态目标，也要满足城市功能。因此其建设必须要以城市建筑与小区、城市道路、城市绿地与广场、城市水系等城市基础设施作为载体，构建新型生态系统[18]。优先采用"源头分散式"控制措施，在城市建筑与小区、道路、绿地等场地源头，通过大规模推行雨水花园、下沉式绿地、植草沟、透水铺装等生态设施对雨水进行下渗、调蓄，有效控制雨水径流污染负荷输出、削减外排径流总量。将传统城市建设中单一的"快排"模式转变为"渗、滞、蓄、净、用、排"的多目标全过程综合管理模式。

3.3.1　城市建筑与小区

近年来，极端变化的天气导致我国很多地区遭受强降水等气候灾害，许多城市雨水管网压力过大，来不及排水，从而导致内涝的发生，城市住宅区更是问题严重。城市建筑与小区是城市雨水排水系统的源区，是城市海绵化建设与改造的主要内容。

运用海绵城市建设理念合理改造居住区可以实现雨水径流的源头控制，有效减少内涝积水问题，保障居民活动和交通安全。同时还能增加绿化面积，创造宜人小气候，保护生物多样性[19]。

1. 技术流程

降落在屋面的雨水经过初期弃流，可进入高位花坛和雨水罐，并溢流进入下沉式绿地，雨水罐中雨水作为就近绿化灌溉回用。降落在道路等其他硬化地面的雨水，可利用透水铺装、渗透管渠、下沉式绿地、生物滞留设施等设施对径流进行净化、消纳，超标准雨水可就近排入雨水管道。在雨水口宜设置具有截污、沉沙功能的设施。

经过预处理后的雨水一部分可下渗或排入雨水管进行间接利用，另一部分可进入蓄水池和景观水体进行调蓄、储存，经净化后用于绿化灌溉、景观水体补水和道路浇洒等。建筑与小区典型技术流程如图 3.3-1 所示。

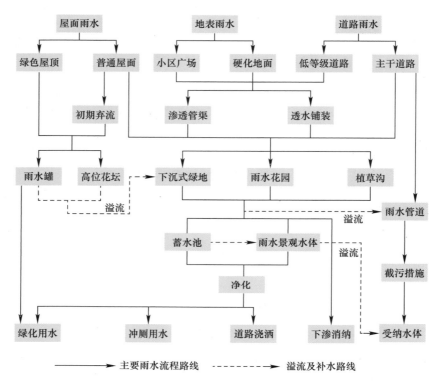

图 3.3-1　建筑与小区典型技术流程

2. 总体布局及海绵设施要素的应用

通过融入海绵城市建设理念，充分结合现状地形地貌进行场地设计与建筑布局，增加自然汇水区域来收集、滞留雨水，从而缓解传统管网压力和减少径流面源污染，改善传统住宅区的雨水积存问题，如图 3.3-2 所示。

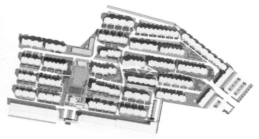

图 3.3-2　建筑与小区海绵化改造策略

建筑与小区的雨水径流通过植草沟、透水铺装、生物滞留带、下沉式绿地、雨水花园、水系综合处理，一部分通过海绵设施蓄积下渗，一部分利用雨水调蓄设施集中收集用于市政杂用、景观水系等的循环利用，其余超标部分则通过市政排水系统排走[20]。

（1）建筑屋顶

建筑屋顶多为不透水屋面，径流系数高达 0.95，成为城市径流的主要产流面之一。降落到屋顶的雨水短时间便可形成径流，并向下转移。为减少其产流量，需采取以雨水利用和渗透为主的源头控制设施，如绿色屋顶、雨水罐等。利用绿色屋顶的植物和土壤对雨水进行截流和吸收，并使用雨水罐收集绿色屋顶的外排水，实现对雨水的源头管理。超出绿色屋顶和雨水罐处理能力时，利用住宅其他的海绵设施进行雨水综合管理，将建筑超量的雨水排入建筑周边的雨水花园、下沉式绿地、生物滞留带等，进一步将场地景观纳入到雨水管理中，既实现雨水管理，又提高住宅环境的整体美感。

（2）小区道路

传统建筑与小区中的道路多为沥青、大理石等硬质不透水表面，作为雨水的主要受纳区域，大量的雨水径流及其携带的污染物由雨水口收集后直接排入管道，极易提高排洪压力并造成下一级受纳水体的污染。基于海绵城市自然渗透的理念，在人行道进行透水铺装改造，增加地面的透水性，结合侧石开口或标高控制（路面标高高于周边绿化带标高）等措施，将路面径流引入附近雨水处理设施，以达到增加下渗、削减径流峰值和面源污染的效果。

（3）小区公共场地

公共场地的海绵化改造是小区海绵化建设的主要内容，在场地内设置的集中式雨水设施和末端处理设施，主要以雨水滞留设施为主，如生物滞留带、下沉式绿地、雨水花园等。它的主要原理是利用低于路面的洼地贮存、渗透雨水，结合物理处理和生物处理的特点，有效去除污染物，减少雨水径流量。

3. 建设要点

建筑与小区的主要控制目标是削减外排雨水径流峰值流量和总量，实现雨水的资源化利用。

（1）屋顶雨水排水优先设计为外排水形式，宜采取雨落管断接或设置集水井等方式将屋面雨水断接并引入周边绿地内小型、分散的海绵设施滞蓄屋顶雨水。

（2）承载力满足要求的普通平屋顶可设计为绿色屋顶，一方面净化雨水，提高水质，另一方面可以延缓汇流时间，缓解排水压力。

（3）小区道路路面设计可使用透水混凝土、透水砖等透水铺装，增加雨水的源头渗透减排。小区道路超渗雨水优先通过道路横坡坡向优化、路缘石开口等方式引入周边的绿地空间进行调蓄、净化、渗透，对于较大坡度道路转输处宜建生物滞留设施。对于空间不足但具有竖向优势条件的小区，道路雨水可通过植草沟、雨水管道等传输方式集中引入周边的集中绿地建设生物滞留设施、湿塘等进行净化回用，并设置溢流口与市政管线连通。

（4）小区内绿地结合景观竖向、地形等可设置下沉式绿地、生物滞留设施等设施，并设置溢流口。可结合景观设计采用微地形、局部下凹等措施，优先采用植草沟、渗透沟渠等地表排水形式输送、消纳、滞留雨水径流，间接提高小区内雨水排水能力。

（5）有景观水体的小区，景观水体宜具备雨水调蓄功能，景观水体的规模应根据降雨规律、水面蒸发量、雨水回用量等，通过全年水量平衡分析确定。

3.3.2 城市道路

城市道路作为城市主要不透水下垫面之一，占建设用地的比例超过30％。与此同时，传统管道排水方式导致道路排涝压力大、路面污染严重等突出问题，难以满足现代城市建设对生态环境的要求[21]。一旦发生强降雨，路面极易积水，从而降低车辆运行能力，甚至使车辆在路面滑移，对交通安全极为不利。同时路面长时间积水会浸润路基，降低路基土的强度，甚至造成路基整体破坏。

遵循海绵城市建设理念，选择不同的技术措施，构建适宜国情的海绵城市道路雨水系统，能够实现削减径流量和径流污染物总量、缓解城市热岛效应、增强道路安全性、美化景观环境等多重目标[22]，是城市道路排水系统的发展方向。

1. 技术流程

城市道路径流污染程度相对较高，雨水可以优先进入周边绿带内设置的生物滞留带、下沉式绿地、植草沟和雨水花园等设施，通过这些设施来收集、过滤、下渗雨水，或通过道路的透水铺装进行下渗，减轻强降雨对城市管道造成的压力。溢流的雨水会同地表径流通过雨水管道（有条件的地方还可经过雨水湿地/湿塘、植被缓冲带处理）排入河道，从而减轻径流污染，改善道路周边整体环境。城市道路典型技术流程如图3.3-3所示。

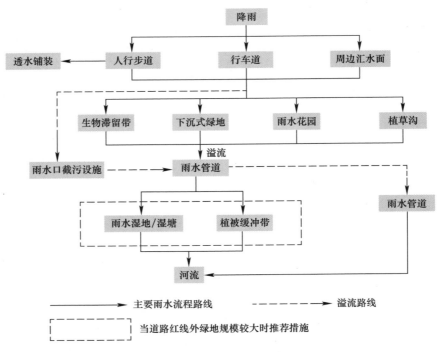

图 3.3-3 城市道路典型技术流程

2. 总体布局及海绵设施的应用

城市道路应在满足道路基本功能的前提下达到相关规划提出的海绵城市控制目标与指标要求。道路的纵横坡度走向对雨水径流流向具有决定性影响，海绵设施类型的选择、设计及建造位置的确定都需要依据道路等级和本身的条件决定。

新建道路的设计应考虑利用道路路面作为强降雨径流的临时汇集与输送通道，作为超常规雨水排放系统的排放通道，将超标径流输送至排水明渠、河道或其他滞蓄设施。应结合道路红线内、外空间条件及建设需求统筹规划，建设下沉式绿地、生物滞留带、雨水花园、植草沟、集中绿地调蓄等新型设施，削减、净化道路径流，有条件的地区还应消纳部分周边地块雨水径流。

已建道路可结合道路翻新、扩建等工程，周边地块、市政设施平面竖向，综合利用道路红线内外地面与地下空间，通过改造建设生物滞留带、植草沟、下沉式绿地等新型设施减少雨水排放，在没有空间条件的区域可结合周边汇水区域排水、污染控制等综合需求慎重考虑建设地下雨水调蓄池等提高易积水道路的排水标准。已建道路应根据其现状竖向及断面条件，评估道路路面在强降雨发生时的排水能力，若无法满足相应的流速及水深设计要求，则需要建设其他地面或地下设施辅助道路路面排水。

3. 建设要点

城市道路的主要控制目标是以消减地表径流与控制面源污染为主、雨水收集利用为辅。

（1）道路新建或改造应基于道路汇水区域，结合红线内外绿地空间、道路纵坡及标准断面、市政雨水排放系统布局等，充分利用既有条件。

（2）道路人行道宜采用透水铺装，非机动车道和非重型机动车道可采用透水沥青路面或透水水泥混凝土路面。

（3）道路横断面设计应优化道路横坡坡向、路面与道路绿化带及周边绿地的竖向关系等，便于径流雨水汇入海绵设施。

（4）可降低部分绿化带的现状标高和改造路缘石开口等方式将道路径流引到绿化空间，并通过在绿化带内设置植草沟、生物滞留设施、下沉式绿地等设施净化、消纳雨水径流，并与道路景观设计紧密结合。

（5）针对道路低洼地等积水点进行改造，应充分利用周边现有绿化空间，建设分散式源头减排措施，减少汇入低洼区域的"客水"，在周边绿化空间较大的情况下，应结合周边集中绿地、水体、广场等空间建设雨水调蓄设施。

（6）城市道路绿化带内海绵设施应采取必要的防渗措施，防止径流雨水下渗对道路路面及路基的强度和稳定性造成破坏。

3.3.3　城市绿地与广场

城市绿地与广场是城市中的天然海绵体，本身就拥有一定的雨水调蓄能力。而目前我国的城市绿地与广场设计中多数缺乏雨水收集与回用系统。当暴雨来临时，不能对周边建筑及道路雨水进行有效调控，增加城市内涝发生的概率，同时浪费了城市绿地广场大海绵的工程属性。目前国内公园设计中处理雨水的普遍做法是外排入市政雨水管道，没有有效利用雨水资源。

运用海绵城市建设理念，考虑绿地与广场本身具有的海绵属性，在规划设计中应注重雨水的调蓄、收集与净化，有效传输、消纳、净化和存储雨水。

1. 技术流程

城市绿地与广场径流雨水总体分为两部分，一是城市绿地及广场自身的地表径流；二是根据规划需要承担的周边区域地表径流。径流通过有组织的汇流与转输，引入海绵设施进行处理。在考虑部分径流作为景观用水后，衔接区域内的雨水管渠系统和超标雨水排放系统，提高区域内涝防治能力。城市绿地与广场典型技术流程如图 3.3-4 所示。

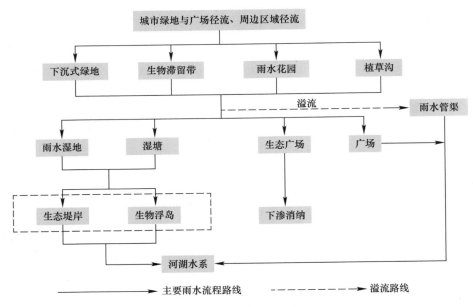

图 3.3-4　城市绿地与广场典型技术流程

2. 总体布局及海绵设施要素的应用

城市绿地与广场海绵设施应与景观设计相结合，赋予景观元素海绵属性，使市民能够更好地接受和使用。应根据绿地与广场的性质功能、周边地形条件以及市政管网设施条件，确定不同类型公共绿地与广场雨水径流收集、储存、净化和利用的技术思路，以及与市政管网设施或水体的连接方式。通过组织城市绿地与广场内部雨水径流，连接不同的海绵设施，建立城市绿地与广场雨水连接体系。

综合公园、专类公园、城市生态公园等面积较大、宽度足够的绿地主要以"蓄、净、渗"为主，可多设置下沉式绿地、生物滞留设施、湿塘、雨水湿地等海绵设施；社区公园、游园、防护绿地等面积较小、呈带状分布的绿地，主要以"滞、净"为主，可选用植草沟、植被缓冲带等海绵设施。位于汇水区下游的城市广场可设置为多功能调蓄广场，一般为下沉式广场或多梯级广场，也可增设地下蓄水池，通过溢流口连接到超标雨水径流排放系统，无降雨时发挥广场的基本功能，弱降雨时发挥雨水滞蓄功能，强降雨时发挥洪峰调蓄功能。需考虑人员安全撤离需要，并设置警示标志。

3. 建设要点

绿地与广场的主要控制目标是消减地表径流总量、消减峰值流量、控制面源污染和雨水收集利用。

（1）首先应满足各类绿地广场自身的使用功能、生态功能、景观功能和游憩功能，根据不同的绿地广场类型制定不同的对应方案。

（2）优先使用简单、非结构性、低成本的海绵设施，设施的设置应符合场地整体景观设计，并与绿地广场的总平面、竖向、建筑、道路等相协调。

（3）城市湿地公园、城市绿地中的景观水体等宜具有雨水调蓄功能，通过雨水湿地、湿塘等集中调蓄设施，消纳自身及周边区域的径流雨水，构建多功能调蓄水体或湿地公园，并通过调蓄设施的溢流排放系统与城市雨水管渠系统和超标雨水径流排放系统相衔接。

（4）城市绿地与广场内湿塘、雨水湿地等雨水调蓄设施应采取水质控制措施，提高水体的自净能力，有条件的可采用生态堤岸、生物浮岛等工程设施，降低径流污染负荷。

3.3.4　城市水系

城市水系在城市排水、防涝、防洪及改善城市生态环境中发挥着重要作用，是城市水循环过程中的重要环节，湿塘、雨水湿地等末端调蓄设施也是城市水系的重要组成部分，同时城市水系也是超标雨水径流排放系统的重要组成部分[23]。城市水问题严重，会对城市的建设带来负面影响。

城市水系是海绵城市的设计基础，是海绵城市策略中的天然储水设施，因此对城市水系的修复与保护不仅包括消除黑臭和防洪滞洪，还应集蓄利用雨水。

1. 技术流程

河道水系作为雨水排放的终端，应严格限制雨水直接排放。建议将雨水排水口移至绿化带内，利用植物的净化作用减少径流对水体的污染。雨水径流经植草沟、下沉式绿地、雨水湿地、生态堤岸等设施处理后，再排入河道，可减少对河道的污染和冲刷。如条件有限，雨水只能直接排入河道时，则建议在雨水排水口处设置旋流沉砂、前置塘等截污处理装置。城市水系典型技术流程如图 3.3-5 所示。

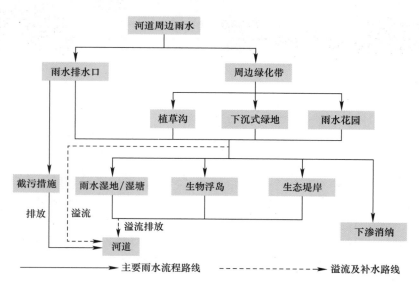

图 3.3-5　城市水系典型技术流程

2. 总体布局及海绵设施要素的应用

基于海绵城市理论下的城市水系设计，应从海绵城市建设的整体要求出发，使其超越单纯的防洪、排水、供水以及净水等功能，而是在保证其行使以上功能的基础上，成为充满活力、增强社会凝聚力以及承载历史文脉的多功能城市空间。

首先要加强对自然水系的保护，如坑塘、河湖、湿地等水体的自然形态的保护和恢复，避免填湖造地、截弯取直等行为。充分尊重自然格局，与周边生态本底构成完整的系统[24]。

考虑安全和生态功能的统一，在不需要采用硬质护岸的河段尽量维持现状，节省投资，在需要加强防护的河段予以加固，确保安全。

季节性河道的补水和蓄水是维持水面景观的重要措施。在海绵城市建设中，强调利用雨水的自然净化和积存，避免利用自来水和中水作为补给水源。在水系范围内，充分考虑设置雨水滞留设施，保障地下径流的补给通道，优先利用雨水作为河道的补给水源。

区域内部可设置雨水花园、生物滞留设施、植被缓冲带、雨水湿地、调蓄湖、渗透塘、生态驳岸、副河道景观等多种绿色设施（图 3.3-6）辅助河道消纳净化雨水、防洪滞洪，串联各个绿色设施，形成完善的生态系统，不仅可以减轻河道压力，同时保护本底自然资源与社会资源，促进人与自然的和谐共生。

雨水花园　　　　　副河道景观　　　　　生物滞留池　　　　　植被缓冲带

雨水湿地　　　　　调蓄湖　　　　　渗透塘　　　　　生态驳岸

图 3.3-6　城市水系选用的绿色设施

3. 建设要点

城市水系的主要控制目标是消减雨水峰值流量、提高城市防洪排涝能力、控制径流污染、调蓄水量和雨水资源化利用。

（1）充分利用城市自然水体设计湿塘、雨水湿地等具有雨水调蓄与净化功能的海绵设施。湿塘、雨水湿地的布局和调蓄水位等应与城市上游雨水管渠系统、超标雨水径流排放系统及下游水系相衔接。

（2）充分利用城市水系滨水绿化控制线范围内的城市公共绿地，在绿地内设计湿塘、雨水湿地等设施调蓄、净化雨水径流，并与城市雨水管渠的水系入口、经过或穿越水系的城市道路的排水口相衔接。

（3）滨水绿化控制线范围内的绿化带接纳相邻城市道路等不透水面的径流雨水时，应设计为植被缓冲带，以削减径流峰值和污染负荷。

（4）宜选用安全性和稳定性高的生态护岸形式，如植生型砌石护岸、植生型混凝土砌块护岸等；对于流速较缓的河段可选用自然驳岸。

（5）对于城市水体水质功能要求较高、排涝高风险区，可利用其他现有水体设计自然水体缓冲区。缓冲区的面积、容积根据区域排水量、污染控制目标确定；缓冲区水域竖向标高根据上游排口标高、下游水体水位确定。

（6）规划新建的水体或扩大现有水域面积，应核实区域海绵城市控制目标，并根据目标进行水体形态控制、平面设计、容积设计、水位控制及水质控制。

（7）城市水系排口宜采用生态排口，包括一体式生态排口、漫流生态排口等。

第4章 主要海绵设施的建设与运营①

海绵设施按主要功能一般可分为渗透、储存、调节、转输、截污净化等几类。通过各类设施的组合应用，可实现径流总量控制、径流峰值控制、径流污染控制、雨水资源化利用等目标。实践中，应结合不同区域水文地质、水资源等特点及技术经济分析，按照因地制宜和经济高效的原则选择单项设施或组合系统。

4.1 渗透设施

4.1.1 绿色屋顶（渗、净）

1. 概念及结构

绿色屋顶也称种植屋面、屋顶绿化等，是指在高出地面以上，与自然土层不相连接的各类建筑物、构筑物的顶部以及天台、露台上由覆土层和疏水设施构建的绿化体。

根据荷载、种植基质深度和景观复杂程度又分为简单式、组合式和花园式，基质深度根据植物需求及屋顶荷载确定，简单式绿色屋顶的基质深度一般不大于150mm，花园式绿色屋顶在种植乔木时基质深度可超过600mm。

一般绿色屋顶结构按照功能可分为植被层、土壤层、过滤层、排水层、防根系穿刺层、防水层，如图4.1-1所示。

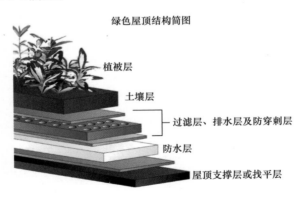

图 4.1-1 绿色屋顶典型结构分层图

（1）植被层：选用低矮耐贫瘠的植被，保证植物在屋顶环境良好生长，能够减少维护产生的费用。考虑屋顶抗风性，避免冠幅较大引起的风力破坏。

（2）土壤层：选用轻质透水性良好的配比土壤，在雨洪来临时能快速下渗、净化雨水。同时土壤配比中要有一定保水性和基肥。

---

① 本章各设施的设计和实施要点参考了《建筑与小区雨水控制及利用工程技术规范》GB 50400、《海绵城市建设工程技术规程》DB64/T 1587—2019 等规范。

（3）过滤层：过滤泥沙作用，使干净的水进入排水层。

（4）排水层：通过坡度处理快速收集、传送屋顶雨水至雨水管渠，或输送到雨水罐。排水层要求有良好的承重抗压属性。

（5）防根系穿透层：植被土壤下应设置防根系穿透层，阻止植物根系向下生长破坏防水层，保证建筑不漏水。

（6）防水层：保证建筑本体不被雨水侵蚀，对建筑屋顶起保护作用。

2. 适用范围

绿色屋顶适用于符合屋顶荷载、防水等条件的平屋顶建筑和坡度≤15°的坡屋顶建筑。其中：

简单式屋顶采用抗逆性强的草本植被平铺栽植于屋顶绿化结构层上，重量轻，适用范围广，养护投入少。此型适用于面积小，承重在 $60\sim150kg/m^2$ 的屋顶。

组合式屋顶允许使用少部分低矮灌木和更多种类的植被，能够形成高低错落的景观，但是需要定期养护和浇灌。此类型介于简单式与花园式屋顶之间，与简单式相比，在维护、费用和重量上都有增加，适用于承重在 $150\sim250kg/m^2$ 的屋顶。

花园式屋顶一般会使用更多的造景形式，包括景观小品、建筑和水体。在植被种类上也进一步丰富，允许栽种能够种植覆土较高的乔木、灌木，需定期浇灌和施肥。此型适用于设计要求更高，且荷载承受能力在 $150\sim1000kg/m^2$ 的屋顶。

3. 优缺点

绿色屋顶的优点及带来的效益有如下几点：

（1）屋顶表层的绿色植被可吸收雨水径流，能有效缓解雨水径流压力。

（2）雨水通过植物根系净化过滤再收集到雨水罐进行存储回用，可以减轻径流污染负荷，节省各种能耗。

（3）绿色屋顶底层有轻质土层、防根系穿刺层、排水层以及防水层等多层保护结构，不仅能保护建筑表层，多样植物搭配的绿色植被层还可以吸收建筑热量，缓解城市热岛效应。

（4）增加生物多样空间，丰富城市物种多样性，构建城市生态平衡。产生宜居美观空间，提高城市绿化率，增加建筑物附属价值。

但绿色屋顶对屋顶荷载、防水、坡度、空间条件等有严格要求，具有一定的局限性。

4. 设计要点

绿色屋顶的设计应着重考虑结构稳定性和实用性，合理的设计能够创造宜人的绿色空间，同时减少绿色屋顶的维护费用。

（1）绿色屋顶在植物类型上应以草坪、花卉为主，可穿插配置适量的花灌木、小乔木。植物品种宜以耐寒、抗旱、抗风力强、根系浅的为主，并优先采用须根、冠幅饱满的植物。应根据覆土厚度和当地气候特征来确定种植植物品种。适宜绿色屋顶的植物有以下几类：

景天属——佛甲草、垂盆草、凹叶景天、金叶景天等。

宿根草花类——石竹属、百里香属、大花金鸡菊、紫菀属等。

藤本地被类——蔓长春花、油麻常春藤等。

矮花灌木类——矮生紫薇、六月雪、锦葵、木槿、小叶扶芳藤、扶桑、假连翘等。

乔木类——玉兰、龙柏、龙爪槐、紫叶李、樱花等。

（2）建筑屋顶承重满足屋顶花园多层结构重量的恒荷载，也要考虑居民活动和雨期土壤吸水等活荷载。土壤层选用含沙量较高的轻质配方土，可减少建筑屋顶负荷。土壤层可以及时下渗及净化雨水，同时具有一定保水能力，为屋顶植物生长创造良好环境。推荐土壤配比：有机物1%～4%，黏土4%，泥沙20%，沙70%～80%。

（3）绿化种植土有效土层厚度及设置排水层厚度如表4.1-1所示。土层厚度不能小于15cm，土层太薄会缺乏保水能力，且难以维护。

绿化种植土有效土层厚度及设置排水层厚度 　　　　表4.1-1

项次	项目		植被类型	土层厚度（cm）	设置排水层的厚度（cm）
1	一般栽植	乔木	胸径≥20cm	≥180	40
			胸径<20cm	≥150（深根） ≥100（浅根）	40
		灌木	大、中灌木、大藤本	≥90	40
			小灌木、宿根花卉、小藤本	≥40	30
			草坪、花卉、草本地被	≥30	20
2	设施绿化		乔木	≥80	40
			灌木	≥45	30
			草坪、花卉、草本地被	≥15	20

（4）在排水层建筑楼板之间做好防水层，防水层应满足一级防水等级设防要求，且至少设置一道具有耐根穿刺性能的防水材料，满足25年防水年限。

（5）合理的坡度设计有利于绿色屋顶的排水与收集，一般坡度小于15°。绿色屋顶建造在大于15°坡屋顶上应考虑大风天气的滑落移动，对其进行土层加固处理。

5. 实施要点

（1）简单式绿色屋顶承重低于150kg/m²，组合式或花园式绿色屋顶承重达到150kg/m²以上。种植大型乔木或堆坡时，应放置在建筑结构的承重梁上。

（2）绿色屋顶找平层宜由水泥砂浆铺设，厚度应满足设计及相关规范要求，一般为20～30mm。排水层应选用抗压强度大、耐久性好的轻质材料。

（3）种植土应铺设平整，保持自然状态，不应夯实。

（4）采用鹅卵石（砾石）通道或鹅卵石（砾石槽）作为溢流设施时，应采用防水板、混凝土或者防渗土工布与种植土壤层隔开。鹅卵石（砾石）级配宜为30～50mm，含泥量应小于1%。

6. 运营维护

（1）维护要点

绿色屋顶各组成部分按照安装顺序，从屋顶面板由下向上的维护要点如下：

1）防水层。防水层安装在屋顶面板之上、绿色屋顶系统之下。整个系统还包括保护层和阻根层以保持防水层的完整性。这些部件并不暴露在外，因此除非已安装渗漏检测系统，通常情况下无法对其进行检查。维护时应避免使用草坪钉、木桩等锋利工具，防止损坏防水膜。

2）排水层。绿色屋顶一般均安装有排水部件，用以把多余的水导流至屋顶排水系统。排水部件通常采用预制排水垫或颗粒物作为排水介质。排水垫或颗粒物式排水介质上通常会加装过滤层以防止细小的基质颗粒被冲入屋顶排水系统。由于从外面看不见排水层，检查十分困难，维护时应避免使用草坪钉、木桩等锋利工具，防止损坏防水层。

3）土壤层。绿色屋顶通常使用肥力高、排水性好的轻质土壤来支持植物生长，既能透水也能积蓄水分。土壤层通常是由浮石、岩浆岩、膨胀页岩和膨胀板岩等多孔轻质矿物所组成的骨料。土壤层上可加盖侵蚀防护毯或采用其他侵蚀防护措施，用以防止植物根系稳固前因风雨冲刷而造成表面侵蚀。

4）植被。绿色屋顶普遍选用能够适应贫土、季节性干旱、强风、暴晒等恶劣条件的植物。组合式或花园式屋顶的植物种类可能会更加丰富，但这些植物通常需要额外维护。屋顶植物的常规维护工作包括除草、修剪以及浇灌。

为保证绿色屋顶能够正常工作，雨水必须经过层层过滤。因踩踏等情况而造成土壤压实可能会影响过滤效果。为尽量减少绿色屋顶的修复性维护次数，应防止绿色屋顶的种植区域承受外部负荷。鉴于土壤水分饱和的时候压实风险更高，因此土壤潮湿时应尽量避免种植区承受任何形式的负荷。

建议竖立指示牌，说明绿色屋顶的种植区域为绿色屋顶，教育维护人员与公众注意保护设施功能。建立明显的人行道或路径，避免行人在绿色屋顶的种植区穿行。

（2）维护标准与流程

表4.1-2为绿色屋顶各组成部分的建议养护频率、标准和流程。

绿色屋顶维护标准与流程

表4.1-2

组成部分	建议频率		需要进行维护的情形 （标准）	需采取的措施 （流程）
	检查	常规维护		
土壤区域				
土壤	B		土壤不透水或土壤板结	• 用钯等工具疏松或更换土壤，但应注意不要破坏防水膜
	B		由于侵蚀和植物吸收使得土壤层厚度小于设计厚度	• 填充土壤直至达到设计厚度
	B，R		存在落叶或杂物	• 清除
	B，R，S		土壤有明显的侵蚀或冲刷痕迹	• 采取措施修复或防止土壤被侵蚀 • 填平、夯实或轻轻压实土壤，补充与原土相似的土壤，并补种植物进行加固
防侵蚀措施	A，C		在植物生根期间，侵蚀防护衬垫或其他侵蚀防护遭到损坏或被磨损耗尽	• 修复或更换侵蚀防护措施直到覆盖90%的种植区
系统排水与结构组件				
屋顶排水	建设后2年内M；之后Q；S		因沉积物、植物或杂物阻塞管道入水口	• 清除堵塞物 • 找到堵塞原因并进行修复
	建立后2年内M；之后Q		管道阻塞	• 清理植物根系或杂物
	建立后2年内M；之后Q		管道破损、渗漏	• 维修或更换

组成部分	建议频率		需要进行维护的情形（标准）	需采取的措施（流程）
	检查	常规维护		
系统排水与结构组件				
屋顶排水	B		溢流设施堵塞淤积	• 清理溢流设施或通道的淤积物或沉淀物
		通常使用10~25年后需大修	检视结果显示排水不畅、出水浑浊或顶板渗水	• 更换排水层及防水膜等其他设施
边界区域	A		植物长到了边界区域	• 清除并处理杂草，将拟保留的植物移植到种植区
防水板、砾石挡板、公用设施或其他屋顶结构	A		防水板、公用设施或其他屋顶结构出现老化，金属结构的锈蚀部分可能会成为绿色屋顶径流的金属污染源	• 对老化部分进行维修或者更换，消除潜在污染源。在防水板和排水设施附近施工时注意保护防水膜
出入与安全	B		出入路线设置不足，缺少坠落防护措施	• 维护出入路线以达到设计标准和消防规范 • 确保屋顶坠落防护措施到位
植物				
植物覆盖率	栽种后2年内M；之后Q		植物覆盖率降至设计标准以下	• 在裸地上栽种植物 • 为达到目标覆盖率，必要时可加装侵蚀防护措施
植物修剪维护		栽种后2年内M；之后Q		• 从已有植株上获取插条，通过扦插促进植物生根 • 对成年树木的修剪应由专业树艺师或在其直接指导下进行
死株	栽种后2年内M；之后Q		出现死株	• 清理或更换
施肥	栽种后2年内M；之后Q		生根不当或栽培介质缺乏营养	• 对有机物进行更新补充，维持长期养分均衡与土壤结构的稳定 • 评估是否需要施肥。根据检测结果适度调整肥料种类和用量 • 在保证生根的前提下，尽量少用缓释肥
杂草	栽种后2年内M；之后Q		出现杂草	• 根据情况选用钳类工具或除草机把杂草连根拔除 • 为保证水质不建议使用农药或除草剂
灌溉（植物生根阶段）		按需而定，旱季W/BM		• 简单式屋顶保证植物根系生长，$13~20L/m^2$ • 组合式和花园式屋顶进行深度灌溉，保持根部顶端15~30cm处湿润
灌溉（植物稳固阶段）		按需而定，旱季适当增加灌溉频率		• $13~20L/m^2$
寒冷季节灌溉		当气温降至0℃之前		• 彻底浇灌或浇透一次

续表

组成部分	建议频率		需要进行维护的情形 （标准）	需采取的措施 （流程）
	检查	常规维护		
灌溉系统				
灌溉系统		按照生产厂家的规定		• 按照制造商的规定进行运营和维护
病虫害防控				
蚊子	B，S		暴雨后 48 小时仍存在积水并产生蚊虫	• 确定积水成因，采取充气、替换土壤或疏通排水通道等适当处理措施
有害生物	按需进行		有害生物造成侵蚀、伤害植物，或者产生大量粪便	• 减少吸引有害生物的环境因素

注：1. 频率：A＝次/年；B＝次/半年（一年两次）；Q＝次/三个月（一年四次）；M＝次/月；S＝应在暴雨（24h 降雨达 50mm）后开展检查；W＝次/周；BM；次/半月；C＝应在植物生根阶段（通常为前两年）开展检查；R＝雨季至少一次（杂物/阻塞类维护应在早秋落叶树的叶子脱落后进行）。

　　2. 依据本表检查频率检查设施相应部位，如出现"需进行维护的情形"则需采取相应措施。如出现常规维护的内容，则应依照常规维护的频次对设施直接进行常规维护。

（3）设备与材料

表 4.1-3 为维护绿色屋顶所用的常见设备与材料建议。其中部分设备和材料用于常规维护，另一部分用于特殊维护工作。

绿色屋顶维护设备与材料清单　　　　　　　　　　　　表 4.1-3

一般园艺与景观设备	园艺与景观材料
□ 手套	□ 植物/种子
□ 除草工具	□ 土壤
□ 切土刀	□ 肥料（胶膜、慢施）
□ 手夯锤	侵蚀控制材料*
□ 锄	□ 覆盖层（木屑等）
□ 耙	□ 侵蚀控制垫
□ 推式路帚	灌溉系统维修设备与材料
□ 桶	□ 渗水管
□ 垃圾袋	□ 软管/淋浴柱类长管
□ 除草剂	□ 喷水器
花园式屋顶补充设备：	□ 树用浇水袋
□ 修枝剪	□ 桶
□ 粗枝剪	安全设备
□ 独轮车	□ 坠落防护
□ 铲	
□ 地桩与拉索	

注：* 为非常规维护必需品。

7. 建设案例

（1）中国标准科技集团有限公司办公楼屋顶绿化[25]

由北京市园林科学研究院设计的新型花园式屋顶绿化项目——中国标准科技集团有限公司顶层的屋顶花园面积近 714m²，小型乔木、灌木和草坪、地被植物等错落有致，并设置了园路、座凳和园林小品等，如图 4.1-2 所示。项目屋顶土层厚度近 20cm，由于在低荷载条件下的技术创新，荣获了"园冶杯"国际景观设计金奖。

图 4.1-2　中国标准科技集团有限公司办公楼屋顶绿化
图片来源：http://www.360doc.com/content/17/1209/19/10533595_711598299.shtml

（2）杭州拱墅区隽维中心写字楼五楼顶的空中花园[26]

杭州拱墅区隽维中心写字楼顶的空中花园大片的草坪、低矮的灌木与桂树、橘树等乔木错落而生；藤编的简易凉亭和桌椅、以毛竹为主材料的小型长廊为人们提供了阴凉的休息场所；大颗粒的砂石、斑驳的枕木和笨重的石磨，又增加了原生态味道，如图 4.1-3 所示。

图 4.1-3　杭州拱墅区隽维中心写字楼五楼顶的空中花园
图片来源：http://hznews.hangzhou.com.cn/chengshi/content/2015-06/16/content_5810920.htm

由于屋顶绿化需综合考虑屋面的荷载能力、植物的灌溉、养护及排水等问题，因此空中花园从地基的铺设到植物的选择等方面都经过了再三考量。目前，工程结构图显示，"空中花园"之下设置基质土壤、过滤层、蓄排水层、保护层和防穿刺层等具有不同功能的装置设备。如遇降雨，雨水在经由过滤层除去其中的泥沙等杂质后，便可进入蓄排水层快速流向四周的雨水收集沟。含有大量金属颗粒的防穿刺层则"严防死守"，阻断着植物根系向下生长，以防它们穿透水泥面后造成的屋顶渗漏现象。

（3）日本 ACROS 福冈台阶状屋顶花园[27]

ACROS 福冈台阶状屋顶花园位于日本九州北部福冈市中央区天神地区。设计师把台阶状屋顶当成一座山体处理，以花鸟风月为主题，表现"春之山、夏之荫、秋之林、冬之森"植物季相变化的空间，使南侧公园的绿化植被与台阶状屋顶的混植植被融为一体。每一层植被由台阶屋顶植被与栽植于下一层墙体上容器内的植被组成，整体上仿佛山脊植被与山谷相连，如图 4.1-4 所示。在城市中央形成了一座绿色的"人工山林"，成为福冈市民娱乐休憩的理想空间。

图 4.1-4　日本 ACROS 福冈台阶状屋顶花园

4.1.2　下沉式绿地（渗、净）

1. 概念及结构

下沉式绿地是一种分散式、小型化的绿色生态基础设施，具有狭义和广义之分。狭义的下沉式绿地又称为低势绿地、下沉式绿地，其典型结构为绿地高程低于周围硬化地面高程 5~25cm，雨水溢流口设在绿地中或绿地和硬化地面交界处，雨水口高程高于绿地高程且低于硬化地面高程。

狭义的下沉式绿地典型构造如图 4.1-5 所示。

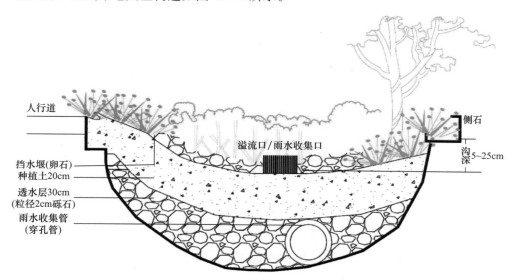

图 4.1-5　狭义下沉式绿地典型构造图

广义的下沉式绿地泛指具有一定的调蓄容积，且可用于净化径流雨水的绿地，包括生物滞留设施、渗透塘、湿塘、雨水湿地、调节塘等。

2. 适用范围

下沉式绿地可广泛应用于城市建筑与小区、道路、绿地和广场内。对于径流污染严重、设施底部渗透面距离季节性最高地下水位或岩石层小于 1m 及距建筑物基础水平距离小于 3m 的区域，应采取必要的措施防止次生灾害的发生。

简易型下沉式绿地适用于常年降雨量较小，不需要精心养护的普通绿化区域。绿地与周边场地的高差在 10cm 以下，底下不设排水结构层，出现较大降雨时绿地的排水以溢流为主，一般雨水通过补渗地下水的方式消化，不考虑雨水的回收利用。可以少量接纳周边雨水，以减少浇灌频率。

典型设有排水系统的下沉式绿地适用于较大面积的绿地，常年降雨量大，暴雨频率高的地区。在雨水控制区根据蓄水量承担一定的外围雨水。此类型绿地高程低于周围硬化地面高程 15～25cm，雨水溢流口设置在绿地中或绿地和硬化地面交界处，雨水口高程高于绿地高程且低于硬化地面高程，溢流雨水口的数量和布置按汇水面积所产生的流量确定，且间距宜为 25～50m，雨水口周边 1m 范围内宜种植耐旱耐涝的草皮。出现较大降雨时，雨水通过排水沟、沉砂池溢流至雨水管道，避免绿地中雨水出现外溢。

兼顾雨水收集和再利用的下沉式绿地适用于全年降雨充沛且具有明显的周期性特征、存在旱季的场地或者全年平均降雨量 400～800mm 的水资源匮乏区。作为具有天然储水、渗水功能的绿地也被纳为雨水收集和处理设施的一部分。通过在绿地区域设置渗水管、集水管、蓄水池、泵站和回灌设施，绿地及周边雨水排入绿地，通过绿地的过滤和净化，进入渗水管、集水管、蓄水池，多余的雨水溢流进入市政雨水管道，收集后的雨水可以用于绿地的养护和周边道路的喷洒等，可降低后期的维护管理费用。

3. 优缺点

下沉式绿地结合居住区绿地进行综合设计，在不增加用地面积、低建设成本的条件下，能够实现绿地多功能性、就地消纳雨水径流、减少外排雨水量、雨水资源化利用、改善生态环境等多种目标[28]：

(1) 对于干旱缺水的城市，可蓄积降水时的地表径流，增加土壤水资源量和地下水资源量，补充和节约绿地灌溉用水，从而有助于城市节水。

(2) 通过减少地表径流，有组织地汇集雨水，有利于城市地表污水的集中排放和处理，减少城市污水对外界的影响。

(3) 在城市发生暴雨引起洪涝时也能起到滞洪减灾作用。

(4) 更有效地收集尘土，避免二次扬尘，提高城市空气质量。

(5) 晴朗无雨时，下沉式绿地可作为居民的活动绿地，是休闲开阔的公共场所。

虽然下沉式绿地适用区域广，建设费用和维护费用均较低，但大面积应用时，易受地形等条件的影响，实际调蓄容积较小。对于门市、店铺门前的下沉式绿地，如果排水设施不完善，污水会直接流进绿地，将增加管理难度。大雨过后，下沉式绿地不能迅速启动为市民服务的功能。对于地下水位高的地区，下沉式绿地会减少一些不耐水植物的生存空间，不利于生物多样性的发展。

4. 设计要点

下沉式绿地的设计需要与场地规划结合，消纳硬化地表产生的雨水径流。确保雨水能够进入下沉式绿地内，并保证行人和行车的安全。

（1）竖向设计。首先，确保硬化地表的坡度坡向朝向下沉式绿地，且绿地与硬化地面衔接区域应设有缓坡处理，雨水径流通过地表坡度汇集到绿地附近；其次，若路缘石设计高度与周围地表平齐，雨水径流可以分散式进入下沉式绿地，若路缘石高度大于周围地表，可在路缘石上设置 200～600mm 宽的缺口，径流通过缺口集中汇入下沉式绿地。下沉式绿地内一般应设置溢流口，保证暴雨时径流的溢流排放，溢流口顶部标高一般应高于绿地 50～100mm。

（2）对于居住区中污染较重的车行道、停车场等场地，可在下沉式绿地集中入水口前设置截污雨水口、截污树池等设施来控制径流污染。

（3）从使用功能和景观效果来看，目前下沉式绿地的设计形式较为单调，削弱了下沉式绿地景观美化和改善生态环境的作用。改变下沉式绿地的单一形式，可以通过采取与雕塑、水景、座椅、亭台、堆石等结合的方式，还可以与人工湿地、雨水花园、雨水塘等结合设计，增强下沉式绿地的可达性、观赏性与实用性。下沉式绿地种植植物优先选择耐水湿、抗污染、耐旱的植物，可采用乔、灌、草相结合的多种群落结构，形成季相变化丰富的绿地景观。

（4）对于大型绿地项目，将绿地全部下沉的土方工程量较大，费用高，因此建议按照分区域、分路段设计下沉式绿地，利用地形曲直、起伏等微地形变化营造良好的景观和实用效果。

（5）植物淹水时间设计。造成植物淹水时间较长的原因一方面是土壤入渗速率较低，导致植物淹水时间过长，另一方面是绿地下沉深度以及雨水口高度设计不合理，蓄水高度较大延长植物淹水时间。

下沉式绿地的下沉深度应根据植物耐淹性能和土壤渗透性能确定。对于壤质砂土、壤土、砂质壤土等渗透性能较好的地区，可将绿地下沉深度适当增加到 15～30cm 甚至更大，需确保植物淹水时间小于 24h。但是随着绿地下沉深度的增加，建设成本也会加大，一般下沉深度不宜大于 50cm。对于壤质黏土、砂质黏土、黏土等渗透性较差的地区，植物长期淹水导致根部缺氧，会危害植物的生长，因此绿地下沉深度不宜大于 10cm。还可以适当缩小雨水溢流口高程与绿地高程的差值，使得下沉绿地集蓄的雨水能够在 24h 内完全下渗[29]。

（6）与非透水铺装之间应做防水处理。设施靠近路基部分应进行防渗处理，防止对道路路基稳定性造成影响。

（7）可设置人工渗透设施，根据汇水面积、地形、地质等因素选用浅沟、渗渠、渗井等形式或组合。

5. 实施要点

（1）进水口拦污设施应设置正确，净化初期雨水。

（2）下沉式绿地的雨水集中入口坡度较大的区域，应按设计要求放置隔离纺织物料，栽种临时或永久性的植被，以及在裸露的地方添加覆盖物等稳固方法，防止雨水径流对土壤的侵蚀。

（3）在地下水位较高的地区，应在绿地低洼处设置出流口，通过出流管将雨水缓慢排放至下游排水管渠。

（4）为了缩短植物淹水时间需要维持绿地开发前的土壤渗透条件，主要方法有：

1）将施工过程中场地上不可避免被夯实的作业空间设计为硬质铺装，而预定的下沉式绿地区域尽量避免重型机械的碾压。

2）对已压实的土壤，需借助机械改善土壤夯实度，可以适量加入有机质、膨胀页岩、多孔陶粒等碎材来改良土壤结构。

3）土壤渗透性较差的地区可以通过添加炉渣等措施增大土壤渗透能力，缩短下沉式绿地中植物的淹水时间。

6. 运营维护

（1）维护要点

狭义的下沉绿地的维护要点主要有以下几点：

1）定期检查植被生长状况，清除病株或死株；定期检查是否有杂草，定期收割植被。

2）根据当地降雨条件，不定期地对低地势绿地内的沉积物和杂物进行清理，暴雨集中时可适当加大清理频率。

3）定期检查径流入口的状况，尤其是集中入流处，若存在侵蚀和污染物沉积问题，应采取消能及预处理等措施。

4）定期检查溢流口状况，若截污罩有污染拥堵或截污挂篮堵塞，应及时清除污物，确保溢流途径畅通。

5）严禁使用除草剂、杀虫剂等农药。

（2）维护标准与流程

表 4.1-4 为下沉绿地各组成部分的建议维护频率、标准与流程。对于泥沙等沉积物荷载较高、环境长期潮湿阴暗或者容易生苔藓的设施，常规维护与修复性维护的频率需要增加。

下沉式绿地维护标准与流程 表 4.1-4

组成部分	建议频率		需要进行维护的情形（标准）	需采取的措施（流程）
	检查	常规维护		
边坡/底部				
边坡	B, S		边坡出现坍塌	• 恢复设计坡度并加固
	B, S		入水口、出水口和两侧斜坡周围的侵蚀深度超过 50mm	• 清除侵蚀源头，稳定受损部分，对入水口和出水口两侧斜坡进行如重整坡度、植被，布置防侵蚀垫等维护工作 • 对于较深的切口，应实施临时侵蚀防控措施，直至可以进行永久修复 • 如果侵蚀问题持续存在，则应该重新评估：（1）来自产流区的径流量和下沉式绿地尺寸；（2）下沉式绿地入水口及出水口的径流情况和侵蚀防护策略
设施底部	M, S		下沉绿地低地势处或底部出现沉积物或杂物累积	• 及时清理沉积物和杂物

续表

组成部分	建议频率		需要进行维护的情形 （标准）	需采取的措施 （流程）
	检查	常规维护		
入水口/出水口/溢流口/管道				
下沉绿地 入水口/出水口	预报的暴雨前， M，S	秋季落叶 期间 W	径流无法按照设计路线进入设施	• 重新设置或修复入水口，将水流导入设施
			路缘石入口有落叶或杂物堆积	• 清理落叶和杂物
	W/BM		集中径流造成侵蚀	• 覆盖石块或卵石或采取其他侵蚀预防措施，如使用防侵蚀垫，保护径流集中流入设施的区域
管道入水口/ 出水口	当季第一场 降雨后 检查一次， W/BM，S		沉积物、残留物、垃圾或覆盖物堆积，降低入水口或出水口过流能力	• 清除堵塞物，保证 24h 排空积水 • 找到堵塞源头，采取措施预防以后出现堵塞
	秋季落叶 期间 W		入水口或出水口处落叶堆积	• 清理落叶
		A		• 清除入水口和出水口周围 30mm 内的植被，若有必要应移植植被，保持检查出入通道畅通 • 建议向景观设计师咨询植被移除、移植或更换等问题
管道	A		管道损坏	• 修复或更换
	B		管道堵塞	• 清除植物根系或杂物
溢流口	B		截污罩出现污染、拥堵或截污挂篮堵塞	• 及时清除堵塞物和污染物
植被				
一般性植被	视植被种类 而定		出现感病植被	• 清除感病植物或植物感病部分，并移送到规定场所进行处理，避免病害传染给其他植株
绿地底部和高处 斜坡的植被	春季和秋季 W； 夏季和冬季 BM		植被根系萌发后两年内成活率不达设计标准	• 确定植物生长不良的原因，矫正不良因素 • 必要时，重新进行栽种，使成活率达到设计标准
杂草	栽种后 2 年 内 M；之后 Q		出现杂草	• 根据情况选用钳类工具或除草机把杂草连根拔除 • 杂草必须作为垃圾立即移除、装袋或处理 • 为保证水质，强烈建议不使用或严禁农药和杀虫剂
植被越界生长	Q		低矮植被的生长超出设施边缘，蔓延至道路边缘，对行人构成安全隐患；出现落叶、腐叶和土壤堵塞邻近的透水路面的情况	• 修边或修剪位于设施边缘的地被植物与灌木

组成部分	建议频率		需要进行维护的情形（标准）	需采取的措施（流程）
	检查	常规维护		
植被				
植被越界生长	视栽种植被种类而定		植被密度太高，雨水径流无法按照设计流入设施并形成积水	• 确定修剪或其他例行维护是否足以保证植物的合适密度与美观 • 确定是否应该更换栽种的植被类型，避免后续的维护问题
	视栽种植被种类而定		植被堵塞路缘石，造成过量沉积物堆积和径流改道	• 清理堆积的植被和沉积物
灌溉（树木、灌木和地被植物栽种后第1年生根期）		旱季W/BM		• 地被植物100L/m² • 深浇水，保证根部上方15～30cm湿润 • 可有节奏地来回浇水以加强土壤吸收 • 为降低表面张力，预先浇灌干性或疏水性土壤或覆盖物，之后多次重复。使用这种方法，每浇灌一个来回都能提高土壤吸收，让更多的水渗入土壤，减少流失
灌溉（树木、灌木和地被植物第2年或第3年生根期）		旱季BM/M		• 地被植物100L/m² • 深浇水，保证根部上方15～30cm湿润 • 可有节奏地来回浇水以加强土壤吸收 • 为降低表面张力，预先湿润干性或疏水性土壤/覆盖物，之后多次重复。使用这种方法，每浇灌一个来回都能提高土壤吸收，让更多的水渗入土壤，减少流失
土壤				
土壤	B		土壤不透水或土壤板结	• 用钯等工具疏松或更换土壤，但应注意不要破坏土工膜
	B		由于侵蚀和植物吸收使得土壤层厚度小于设计厚度	• 填充土壤直至达到设计厚度
	B，R		存在落叶或杂物	• 清除
	B，R，S		土壤有明显的侵蚀或冲刷痕迹，例如已形成沟渠	• 采取措施修复或防止土壤被侵蚀 • 填平、夯实或轻轻压实土壤，补充与原土相似的土壤，并补种植物进行加固
灌溉系统				
灌溉系统		按供应商的规定		• 按照制造商的规定进行运营和维护
害虫				
蚊虫	B，S		雨后积水存48h以上产生蚊虫等害虫	• 确定积水出现的原因，采取适当解决措施 • 为维护工便利，可手动清除积水，如果径流来自不产生污染的表面，则可排入雨水下水系统，禁止使用杀虫剂

续表

组成部分	建议频率		需要进行维护的情形（标准）	需采取的措施（流程）
	检查	常规维护		
害虫				
有害生物	每次与植被管理相关的现场巡检		害虫出没迹象，例如树叶枯萎、树叶和树皮被啃、虫斑或其他症状	• 清除病株和死株，减少害虫藏匿场所 • 经常清除宠物粪便

注：1. 频率：A=次/年；B=次/半年（一年两次）；Q=次/三个月（一年四次）；M=次/月；S=应在暴雨（24h降雨达 50mm）后开展检查；W=次/周；BM：次/半月；C=应在植物生根阶段（通常为前两年）开展检查；R=雨季季至少一次（杂物/阻塞类维护应在早秋落叶树的叶子脱落后进行）。
　　2. 依据本表检查频率检查设施相应部位，如出现"需进行维护的情形"，则需采取相应措施。如出现常规维护的内容，则应依照常规维护的频次对设施直接进行常规维护。

（3）设备与材料

表 4.1-5 为维护下沉绿地所用的常见设备与材料建议。其中部分设备和材料用于常规维护，另一部分用于特殊维护工作。

下沉式绿地维护设备与材料清单　　　　　　　　　　　　　表 4.1-5

园艺设备	园艺材料*
□ 手套	□ 植物
□ 除草工具	□ 地桩与绳结
□ 修枝剪	**侵蚀防控材料***
□ 粗枝剪	□ 石垫用石块与卵石
□ 地桩与拉索	□ 防侵蚀垫
□ 割草机	**有机覆盖物**
□ 锄	□ 树艺木屑有机覆盖物
□ 耙	□ 粗堆肥有机覆盖物
□ 手推车	□ 石块有机覆盖物
□ 铲	**管道/结构检查和维护设备**
□ 推式路帚	□ 破土工具
□ 磨刀器	□ 手电筒
□ 油布/桶（用于清理落叶或杂物）	□ 窥镜（无需进入结构内部便可观察管道状况）
□ 垃圾袋（用于处理垃圾或杂草）	□ 管道疏通器
□ 树皮和有机覆盖物风机	□ 卷尺或直尺
□ 维护时工作人员站立的站板，防止压实土壤	**专业设备***
浇灌设备	□ 微型挖掘机
□ 软管	□ 卡车
□ 喷洒器	□ 手动播种机
□ 树用浇水袋	□ 土壤检测设备（T 形把手岩心取样器、土钻、土壤养分检测工具）
□ 桶	□ 燃烧除草器或热水除草器
□ 洒水车	□ 用于清理暗渠中植物根系的水刀切割机
	□ 渗滤测试设备

注：* 为非常规维护必需品。

7. 建设案例

（1）宁夏固原市古城墙遗址公园

古城墙遗址公园是固原城市空间格局的重要组成部分，具有保护城墙文化遗产、传承历史文脉、提升城市形象、改善城市环境、丰富市民文化生活、促进城市发展等综合功能，是独具特色的城市历史文化公园。

下沉式绿地主要位于公园中部核心地带，对城墙遗址公园绿地因地制宜地进行基于海绵城市的规划设计，在条件许可的情况下建设下沉式绿地，将周边道路的雨水径流导入其中的下沉式公园，如图 4.1-6 所示。

图 4.1-6　固原古城墙遗址公园下沉式绿地

设计范围内的绿地在竖向条件合适时，因地制宜地建设下沉式绿地，用来蓄存雨水，并通过生态手段净化雨水径流，以达到通过简易处理就可直接利用的水平。雨水通过植被与自然土壤过滤后，渗透至地下蓄水模块，经蓄水模块过滤处理，水质达到绿化灌溉标准后通过提升泵就近作为绿化灌溉用水使用。

（2）寿光仓圣公园下沉式绿地[30]

仓圣公园始建于 1991 年，占地 350 亩，是一处以纪念造字圣人仓颉为主题的集游玩、娱乐、休闲于一体的综合性开放式公园。进行海绵化改造前的仓圣公园出于美观考虑，原有绿地起伏不平且地势高，园内道路平坦且地势低，这样就导致一旦有过量降雨，道路中间立即积水，对园区行人造成通行不便。重新规划设计的绿地不再盲目追求美观，而是更注重功能性。

经过下挖改建绿地后，绿地中央形成下凹形集水坑，绿地地势整体低于园内道路。同时，园内道路加高 7cm，保证降雨后雨水第一时间流入下沉式绿地。下沉式绿地布有多层颗粒大小不一的砂石，让雨水下渗的同时进行物理过滤。如图 4.1-7 所示。经沉淀、过滤后的雨水清澈，部分留在绿地中自行调节，部分流入园内人工湖进行人工调蓄。当绿地蓄水量达到饱和时，过量雨水可通过溢流口流过排水渠，进入市政雨水管网。绿地雨水回收系统的利用为市政雨水管网缓解了压力，更赋予了园区难得的雨水调蓄能力。在雨天园内一般不会再有漫水过膝等现象存在，市民游玩更加方便。

（3）英国爱丁堡王子街公园下沉式绿地

王子街公园位于爱丁堡最繁华的商业街——王子街的沿线，是与街面平行但却有十余米高差的下沉式公园，如图 4.1-8 所示。下沉式绿地设计有充足的公共空间、舒适的草坪和高大的乔木。自由收放的空间处理、丰富多彩的植物景观，加上赏心悦目的人文景观，可以使得游园者能够驻足、停留、坐卧，长久待在园中而不愿离去，充分享受一份慵懒一份闲散，从而实现了"静心游憩"。

图 4.1-7　寿光仓圣公园下沉式绿地

图片来源：http://paper.dzwww.com/dzrb/content/20151016/Articel21003MT.htm.

图 4.1-8　英国爱丁堡王子街公园下沉式绿地

4.1.3　渗透塘（渗、净）

1. 概念和结构

渗透塘是一种用于雨水下渗补充地下水的洼地，可净化雨水，丰富景观效果，具有一定的削减峰值流量的作用，同时还可避免水土流失。

渗透塘典型构造如图 4.1-9 所示。

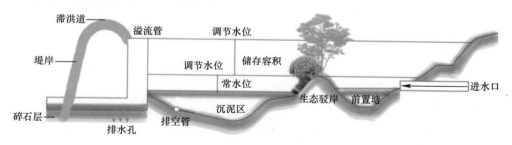

图 4.1-9　渗透塘典型结构

2. 适用范围

渗透塘适用于汇水面积较大（大于 $1hm^2$）且地势较低的低洼地带等具有一定空间条件的区域。特别适合城市立交桥附近汇水量集中、排洪压力大的区域，或者在新开发区和新建生态小区里应用。渗透塘一般与绿化、景观结合起来设计，充分发挥城市稀缺土地资源的效益，如图 4.1-10 所示。

图 4.1-10　与景观绿化结合的渗透塘

图片来源：https://www.startppp.com/20180717/n251868591.shtml

3. 优缺点

渗透塘最大优点是渗透面积大，能提供较大的渗水和储水容量，净化能力强，对水质和预处理要求低，管理方便，具有渗透、调节、削减峰值流量、净化、改善景观、降低雨水管系负荷等多重功能，且建设费用较低。

缺点是占地面积大，在拥挤的城区应用受到限制；设计管理不当会造成水质恶化，蚊虫滋生和池底的堵塞，使渗透能力下降；在干燥缺水地区，当需维持水面时，由于蒸发损失大，需要兼顾各种功能做好水量平衡，对后期维护管理要求较高。

4. 设计要点

（1）渗透塘前应设置沉砂池、前置塘等预处理设施，去除大颗粒的污染物并减缓流速。前置塘进水处应设置消能石、碎石等措施减缓水流冲刷。当水流较快时，消能石宜选用较大的石块，并深埋浅露。前置塘与主塘之间的溢流处宜铺设置碎石、卵石等保护层，防止水流冲刷破坏溢流堰。碎石、卵石的粒径宜为 $4.75 \sim 9.50mm$，含泥量不宜大于 1.5%，泥块含量不宜大于 0.5%。

（2）渗透塘边坡坡度（垂直：水平）一般不大于 $1:3$，塘底至溢流水位一般不小于 $0.6m$。

（3）渗透塘底部构造应采用透水良好的材料，可选用 $200 \sim 300mm$ 的种植土、透水土工布及 $300 \sim 500mm$ 的过滤介质层。透水土工布性能指标应符合规范规定。

（4）渗透塘应设溢流设施，并与城市雨水管渠系统和超标雨水径流排放系统衔接。

（5）渗透塘中宜种植草本植物，植物应选择耐旱、耐涝的品种。

（6）当渗透塘用于径流污染严重、设施底部渗透面距离季节性最高地下水位或岩石层小于 1m 及距建筑物基础水平距离小于 3m 的区域时，应采取必要的措施防止发生次生灾害。

5. 实施要点

（1）进水点应多点分散布置，进水点的出水口应设置碎石进行过滤。

（2）渗透塘底部应设置放空管，并在出口处加装放空阀门，管道的材质、管径及阀门规格、型号应符合设计要求。

（3）土方开挖后塘底不应夯实。应严格控制开挖范围和深度，避免超挖，超挖时不得用超挖土回填，应用碎石填充。

（4）碎石应采用透水土工布与渗透土壤层隔离，挖掘面应便于透水土工布的施工和固定。

（5）渗透塘外围应按设计要求设置安全防护措施和警示。

6. 运营维护

（1）维护要点

1）应及时补种、修剪植物，清除杂草。

2）进水口、溢流口因冲刷造成水土流失时，应设置碎石缓冲或采取其他防冲刷措施。

3）进水口、溢流口堵塞或淤积导致过水不畅时，应及时清理垃圾与沉积物。

4）调蓄空间因沉积物淤积导致调蓄能力不足时，应及时清理沉积物。

5）边坡出现坍塌时，应进行加固。

6）由于坡度导致调蓄空间调蓄能力不足时，应增设挡水堰或抬高挡水堰、溢流口高程。

（2）维护标准与流程

表 4.1-6 为渗透塘的建议维护频率、标准与流程。如排水区域沉积物负荷较重，则需要增加常规维护和修复性维护的频率。

渗透塘维护标准与流程　　　　　　　　　　　　表 4.1-6

组成部分	建议频率		需要维护的情形 （标准）	需采取的措施 （流程）
	检查	常规维护		
边坡				
边坡	B，S		边坡出现坍塌	• 恢复设计坡度并加固
	B，S		入水口、出水口和两侧斜坡周围由于侵蚀形成的切口深度超过 50mm	• 清除侵蚀源头，稳定受损部分，重整坡度、恢复植被以及设置防侵蚀垫 • 对于较深的侵蚀切口，应实施临时侵蚀防控措施，直至可以进行永久修复 • 如果侵蚀问题持续存在，则应该重新评估：（1）来自产流区的径流量和渗透塘尺寸；（2）设施内部径流速度和梯度；（3）设施入水口出的径流分散和侵蚀防护策略
	B，S		侧边的侵蚀使斜坡成为危害	• 采取措施清除危害，并加固斜坡
	B，S		边坡损坏导致调蓄能力达不到设计要求	• 修整边坡 • 可考虑增设挡水堰或抬高挡水堰、溢流口高程

续表

组成部分	建议频率		需要维护的情形 （标准）	需采取的措施 （流程）
	检查	常规维护		
前置塘及渗透塘主池				
前置塘	M，S		出现垃圾、杂物及沉积物	• 清理垃圾、杂物及沉积物
渗透塘主池	M，S		积水在渗透塘主池停留超过24h，或淤泥累积过厚影响至低于设计渗透速率	• 清理淤泥或沉积物
	B，S		土壤板结、过度压实或受到污染	• 视情况更换土壤 • 如受到污染则应评估污染原因并消除
	B，S		土工布破损	• 修补或更换
入水口/出水口/管道/溢流设施				
前置塘入水口	Q		消能石减少或被冲开	• 补充消能石，如破坏严重则应重置
入水口处侵蚀防控	W/BM		集中径流造成侵蚀	• 覆盖石块或卵石或采取防侵蚀垫等其他侵蚀预防措施保护管道、路缘石或低洼地等径流集中流入设施的区域
排空管道	A		管道损坏	• 修复或更换
	Q		管道堵塞	• 清除管道中杂物或淤积物
溢流设施	Q		前置塘和主塘之间的溢流设施的保护层被破坏	• 修复并适当补充碎石或鹅卵石以起到保护作用
	M，S，当季第一场降雨后检查一次		溢流口堵塞，沉积或杂物造成过流能力下降	• 清除沉积物或处理杂物
设备				
放空阀	B		阀门工作异常	• 维修阀门或更换
植被				
植被	春季和秋季 W；夏季和冬季 BM		植被根系萌发后两年内成活率不达标准	• 确定植物生长不良的原因，矫正不良因素。必要时，重新进行栽种，使成活率达到标准
植被	视植被种类而定		出现感病植被	• 清除感病植物或植物感病部分，并移送到规定场所进行处理、避免病害传染给其他植株 • 修剪后对园艺工具进行消毒，防止病害传染
杂草	栽种 2 年内 M，之后 Q		出现杂草	• 连根拔除杂草 • 杂草立即移除、装袋或彻底处理 • 严禁使用除草剂
害虫				
蚊虫	B，S		雨后积水存 48h 以上产生蚊虫等害虫	• 确定积水出现的原因，采取适当解决措施 • 为维护工便利，可手动清除积水，如果径流来自不产生污染的表面，则可排入雨水下水系统，禁止使用杀虫剂

续表

组成部分	建议频率		需要维护的情形（标准）	需采取的措施（流程）
	检查	常规维护		
害虫				
有害生物	每次与植被管理相关的现场巡检		害虫出没迹象，例如树叶枯萎、树叶和树皮被啃、虫斑或其他症状	• 清除病株和死株，减少害虫藏匿场所 • 清除动物粪便

注：1. 频率：A＝次/年；B＝次/半年（一年两次）；Q＝次/三个月（一年四次）；M＝次/月；S＝应在暴雨（24h降雨达 50mm）后开展检查；W＝次/周；BM：次/半月；C＝应在植物生根阶段（通常为前两年）开展检查；R＝雨季至少一次（杂物/阻塞类维护应在早秋落叶树的叶子脱落后进行）。

2. 依据本表检查频率检查设施相应部位，如出现"需进行维护的情形"，则需采取相应措施。如出现常规维护的内容，则应依照常规维护的频次对设施直接进行常规维护。

（3）设备与材料

表 4.1-7 为维护渗透塘所用的常见设备与材料建议。

渗透塘维护设备与材料清单　　　　　　　　　　表 4.1-7

管道或结构系统检查与维护设备	杂草或植被清除设备，例如：
□ 手工工具 □ 手电筒 □ 窥镜（无需进入结构内部便可观察管道状况） □ 园林软管 □ 管道疏通器	□ 除草工具 □ 杂草燃烧器 □ 桶
	沉积淤泥清理设备
	□ 专用吸尘器 □ 锹

7. 建设案例——济南多处山体公园渗透塘应用

济南多处山体公园改造工程坚持了海绵城市理念，打造出一批能吸水、蓄水、渗水、净水的"海绵体"。在山体公园建设中，渗透塘随处可见，对雨水的收集利用十分普遍。

如七里山渗透塘的建设是基于自然的低洼地段，铺上一层鹅卵石做生态装饰，到了雨季，雨水会自然停滞，并缓慢渗透，如图 4.1-11 所示。铺设鹅卵石，还会减少雨水对周边土壤的冲刷，起到水土保持作用。

图 4.1-11　七里山上的渗透塘

图片来源：http://news.e23.cn/content/2015-07-24/2015072400463.html

又如千佛山景区建设了多个渗透塘，既留蓄雨水，又可利用自然高差将雨水引流至此打造出景观水，增加拦蓄能力的同时，还可满足附近山林养护及防火需求[31]，如图 4.1-12 所示。渗透塘在保证"吸水"功能的同时，也给游客提供了一种水上的旅游资源，同时还让人倍感凉爽惬意。特别是在分布于千佛山东区和西区的多个渗透塘附近，热闹的青蛙叫声几乎让人感觉是置身于湿地而非山林。

图 4.1-12　千佛山上的渗透塘

图片来源：http://news.e23.cn/content/2015-07-23/2015072300719.html

4.1.4　渗井（渗、排）

1. 概念及结构

渗井指通过井壁和井底进行雨水下渗的设施，一般是在地层中开凿立式孔洞，将地面水和上层地下水引向更深的地下层，符合自然渗水规律，是一种立式地下排水设施。为增大渗透效果，可在渗井周围设置水平渗排管，并在渗排管周围铺设砾（碎）石。

渗井的一般结构主要包括有井盖、进出水管、砂层。辐射渗井还包括有渗排管及渗排管周边的砾石和土工布，渗井的一般结构如图 4.1-13 所示。

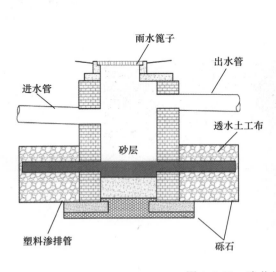

图 4.1-13　渗井的一般结构

2. 适用范围

渗井主要适用于建筑与小区内建筑、道路及停车场的周边绿地内。一般在空间极为受限的邻里街道，因为没有有利条件设置生物滞留设施，通常采用设置渗井的方式来实现海绵城市中雨水下渗的功能。

3. 优缺点

渗井占地面积小，建设和维护费用较低，但其水质和水量控制作用有限。

4. 设计要点

（1）雨水通过渗井下渗前，应通过植草沟、植被缓冲带等设施对雨水进行预处理。

（2）渗井出水管的内底高程应高于进水管的内顶高程，但不应高于上游相邻井的出水管管内底高程。

（3）井壁应外敷砾石层，井底渗透面距地下水位的距离不应小于 1.5m。硅砂砌块井壁外可不敷砾石。砾石层外应采用透水土工布或性能相同的材料包覆。

（4）井底应设置砾石排水层和砂层过滤，井内渗排管口一般应高于砂层 100mm。

（5）渗井调蓄容积不足时，也可在渗井周围连接水平渗排管，形成辐射渗井。

5. 实施要点

（1）渗井的开挖、回填、碾压施工时，应进行现场事前调查、选择施工方法、编制工程方案和安全规程，施工不应降低自然土壤的渗透能力。

（2）渗井顶部四周用黏土填筑围护，井顶应加盖封闭。

（3）渗井开挖应根据土质选用合理的支撑形式，并应随挖随支撑、及时回填。

（4）成品井体宜采用小型机械运输工具搬运，严禁抛落、踩压等野蛮施工。

（5）当采用砌筑的井体时，井底和井壁不应采用砂浆垫层或用灰浆勾缝防渗。

（6）井体的安装应在井室挖掘后快速进行。施工期间井体应做盖板，埋设时防止砂土流入。

6. 运营维护

（1）维护要点

1）定期清除进水口和出水口设施的碎片和垃圾，整理边坡；

2）及时发现并去除入侵物种；

3）检查进水口、出水口的损害处，并及时修补；

4）当渗井调蓄空间雨水的排空时间超过 24h 时，应及时置换填料；

5）管道出现沉积物堆积、阻塞、开裂、坍塌或不对齐等问题，应及时清淤、修补裂缝或更换管道。

（2）维护标准与流程

表 4.1-8 为渗井的建议维护频率、标准与流程。如排水区域沉积物负荷较重，则需要增加常规维护和修复性维护的频率。

渗井维护标准与流程　　　　　　　　　　　　　表 4.1-8

组成	建议频率		需要维护的情况 （标准）	需采取的措施 （流程）
	检查	常规维护		
渗井主体结构				
井壁孔洞堵塞	B，S		碎渣垃圾等造成井壁孔洞堵塞或积水超过 24h	• 清理井壁孔洞

续表

组成	建议频率		需要维护的情况 （标准）	需采取的措施 （流程）
	检查	常规维护		
渗井主体结构				
砂层	Q		砂层表面堆积垃圾、杂物或累计过厚的沉积物影响过滤和渗透或积水超过 24h	• 清理并冲洗砂层表面
	B		砂层受到污染成为污染源	• 评估污染来源并处理，更换砂层
井壁	B		井壁破损	• 修补或更换
入水口/出水口/管道管渠				
管道入水口/出水口	M，S		沉积物、残留物、垃圾或覆盖物堵塞入水口或出水口，降低过流能力	• 清除堵塞物 • 找到堵塞源头，采取措施预防以后出现堵塞
入水口处侵蚀防控	M		集中径流造成侵蚀	• 覆盖石块或卵石或采取防侵蚀垫等其他侵蚀预防措施保护管道入口、雨水篦子等水流集中冲刷的区域
管道/管渠	A		管道/管渠损坏	• 修复或更换
	Q		管道/管渠堵塞	• 清除植物根系或杂物
		Q/B		• 如果暗渠或管道上装有节流孔等限流装置来降低径流量，必须定期清理限流装置
拦污栅/截污挂篮	Q，S		拦污栅上出现垃圾或其他杂物	• 清除或处理
	B，S		格栅损坏或缺失	• 修复或更换
土工布	A		土工布出现损坏	• 修补或彻底更换
雨水篦子/雨水井盖	B，S		损坏或丢失	• 更换
害虫				
蚊虫	B，S		雨后积水存 48h 以上产生蚊虫等害虫	• 确定积水出现的原因，采取适当解决措施 • 禁止使用杀虫剂

注：1. 频率：A＝次/年；B＝次/半年（一年两次）；Q＝次/三个月（一年四次）；M＝次/月；S＝应在暴雨（24h降雨达 50mm）后开展检查；W＝次/周；BM：次/半月；C＝应在植物生根阶段（通常为前两年）开展检查；R＝雨季至少一次（杂物/阻塞类维护应在早秋落叶树的叶子脱落后进行）。

2. 依据本表检查频率检查设施相应部位，如出现"需进行维护的情形"，则需采取相应措施。如出现常规维护的内容，则应依照常规维护的频次对设施直接进行常规维护。

（3）设备与材料

表 4.1-9 为维护渗井所用的常见设备与材料建议。

渗井维护设备与材料清单 　　　　　　　　　　　　　　　　　表 4.1-9

管道/或结构系统检查与维护设备	渗井沉积淤泥清理设备
□ 手工工具	□ 专用吸污机
□ 手电筒	□ 锹
□ 窥镜（无需进入结构内部便可观察管道状况）	□ 铲
□ 园林软管	□ 耙
□ 管道疏通器	

7．建设案例

道路渗井

道路渗井主要用来收集城市机动车路面的积水，经过雨水井进入，首先对大颗粒污染物进行过滤，然后沉淀，最后流入市政排水管道或者补充地下水。道路渗井的孔隙可连接管道，在暴雨时期可将多余的雨水向外输送，及时排洪。道路渗井的典型雨水流程如图 4.1-14 所示。

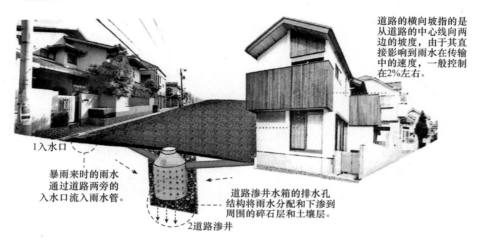

图 4.1-14　道路渗井的典型雨水流程[19]

4.1.5　透水铺装（渗、排）

1．概念及结构

透水铺装是指能使雨水通过，并直接渗入路基到达地下土层的人工铺筑的铺装材料。透水铺装的共同特点是降水可通过本身与铺装下基层相通的渗水路径入渗，一方面要求铺装面层结构具有良好的透水性，另一方面基层也应有相应的透水性能。透水铺装按照面层材料不同可分为透水砖、透水水泥混凝土、透水沥青混凝土，植草砖等。园林铺装中的鹅卵石、碎石铺装等也属于渗透铺装。

各类透水铺装的一般的结构如图 4.1-15 所示。

2．适用范围

透水铺装主要适用于广场、停车场、人行道以及车流量和荷载较小的道路，如建筑与小区道路、市政道路的非机动车道等，透水沥青混凝土还可用于机动车道。但由于道路荷载问题，不建议在车速高于 30km/h 的机动车道上使用海绵城市透水铺装。其中：

透水砖主要适用于城市道路人行道、人行广场、建筑小区人行道等荷载较小的区域或场所。

透水混凝土主要适用于轻荷载交通的园区路、非机动车道、广场、停车场。

透水沥青主要适用于轻荷载交通的园区路、非机动车道、广场、停车场。

植草砖和缝隙结构透水路面主要适用于停车场和人行道。

鹅卵石、碎石、碎拼、踏步石铺等透水铺装系统可用于园林绿地。

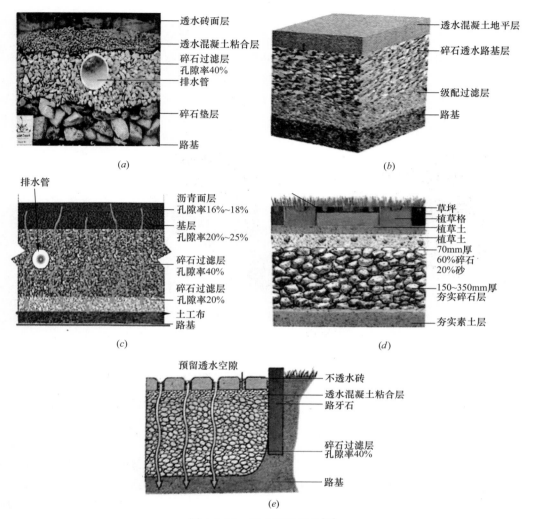

图 4.1-15 透水铺装结构[19]

（a）透水砖；（b）透水混凝土；（c）透水沥青；（d）植草砖；（e）其他透水结构

3. 优缺点

透水铺装适用区域广、施工方便，可补充地下水并具有一定的峰值流量削减和雨水净化作用：

（1）透水铺装能够使雨水迅速渗入地表，有效地补充地下水，增加土壤湿度，恢复土壤微生物的生存环境，生态环保。

（2）当集中降雨时，能够减轻排水设施的负担，防止城市内涝，避免对水体造成二次污染。

（3）透水铺装具有较大的孔隙并与土壤相通，能积蓄较多的热量和水分，有利于调节城市的生态环境，平衡城市生态系统，缓解热岛效应。

（4）透水铺装无表面积水和夜间反光，提高了车辆、行人的通行舒适性与安全性，雨天路面无积水，避免轮胎与路面的水膜的形成，缩短刹车距离提高行车安全性。

（5）由于透水地面孔隙多，地表面积大，对粉尘有较强的吸附力，可减少扬尘污染，也可降低噪声。

但对于透水铺装来说，由于砂土、灰尘、油污等异物在表层堆积，异物跟随雨水渗透的同时会在透水铺装中产生某种程度的吸附和沉淀，长时间的沉积容易导致通道孔堵塞，使透水率衰减，对于质量一般的材料可能会在短时间内完全堵塞失去透水能力。

另外，寒冷地区的透水铺装还有被冻融破坏的风险。由于透水铺装中含有大量的孔隙，在水饱和的状态下，在冻融过程中，液态水至固态水的相变过程中产生的体积膨胀可产生破坏作用。

4. 设计要点

透水铺装结构应符合《透水砖路面技术规程》CJJ/T 188、《透水沥青路面技术规程》CJJ/T 190 和《透水水泥混凝土路面技术规程》CJJ/T 135 等规范的规定外，还应满足以下要求：

(1) 透水铺装构造下的土基应稳定、密实、均质，应具有足够的强度、稳定性、抗变形能力和耐久性，并应有一定的透水性能，透水系数不宜小于 $1.0×10^{-3}$ mm/s，土基顶面距离地下水位不宜大于 1.0m。当土基、土壤渗透系数及地下水位高程等条件不满足要求时，应增加排水设计内容。

(2) 透水铺装对道路路基强度和稳定性的潜在风险较大时，可采用半透水铺装结构。

(3) 土基透水能力有限时，应在透水铺装的透水基层内设置排水管或排水板。

(4) 当透水铺装下为地下室顶板或管廊顶板，且覆土深度小于 1m 时，地下设施顶板应设有疏水板及排水管等将渗透雨水导入其相邻的实土或其他雨水设施。

5. 实施要点

透水铺装建设除应满足《透水砖路面技术规程》CJJ/T 188、《透水沥青路面技术规程》CJJ/T 190 和《透水水泥混凝土路面技术规程》CJJ/T 135 等规范的规定外，还应满足以下要求：

(1) 透水铺装应用于以下区域时，应采取必要的措施防止次生灾害或地下水污染的发生。

1) 可能造成陡坡坍塌、滑坡灾害的区域，湿陷性黄土、膨胀土和高含盐土等特殊土壤地质区域。

2) 使用频率较高的商业停车场、汽车回收及维修点、加油站及码头等径流污染严重的区域。

(2) 透水基层一般选用级配碎石、大粒径透水性沥青混合料、骨架空隙型水泥稳定碎石、透水混凝土等。

(3) 透水路基施工必须确保路基具有足够的承载力，还应考虑当水浸入后路基承载力的退化。当路基材料为黏性土时，不宜设为透水路基。

(4) 路基施工前，应将现状地面上的积水排除，疏干，将树根坑、井穴等进行技术处理，并将地面整平。

(5) 透水路基填方宜采用透水性材料，如砂性土、砂砾及中粗砂，填方材料的强度应符合设计要求，不应使用淤泥、沼泽土、泥炭土、冻土、有机土以及含生活垃圾的土。

6. 运营维护

（1）维护要点

透水路面设施的主要组成部分、功能与维护要点如下：

1）磨耗层。任何透水路面系统的表层均为磨耗层。磨耗层类别包括多孔沥青、透水混凝土、透水砖、植草砖、缝隙结构等。维护工作的关键是定期清理设施表面的沉积物、杂物以及过厚的苔藓，防止透水磨耗层发生堵塞，如图 4.1-16 所示。此外还应寻找沉积物的来源，确定邻近植被区域的稳定性，调整排水区域的景观特征，并观察是否有助于防止堵塞。

图 4.1-16　透水路面需要维护和清理防止缝隙堵塞

2）基层。雨水经磨耗层进入基层，在渗入地下前短暂储存。基层还承担支持路面设计荷载的结构功能。为检查基层，一些设施配有观察孔，用于监测基层中的水位，确定设施的排水状况是否正常。

（2）维持设施正常运转的关键作业

透水铺装可以通过以下几种作业方式减少修复性维护或更换的需求：

1）严禁在多孔沥青上使用密封剂。

2）采取适当的临时防控与导流措施，避免设施受施工场地径流的影响。

3）调整透水铺装的修复方式。建议用相同的透水材料修复相应路面。

4）修改除雪程序，例如：

a. 使用带有滑板或滑轮的铲雪犁，使犁片略高于路面，防止顶层骨料流失、路砖或铺路网格损坏。

b. 避免把清理出的积雪堆在透水路面上方。

c. 避免在透水路面上使用沙子做除雪材料。

d. 适度使用盐或糖蜜替代融雪剂。

5）防止相邻透水区域的有机覆盖物、土壤、堆肥等材料堆积在路面上。

6）保证相邻景观区的稳定性，避免土壤侵蚀、表面堵塞，或用斜坡把相邻景观区域与透水路面隔开。

7）可以用路牌把透水路面标记为"透水铺装"，提醒维护人员与公众注意保护设施功能。

（3）维护标准与流程

表 4.1-10 为透水铺装各组成部分的建议维护频率、标准与流程。对于沉积物荷载较高、环境长期潮湿阴暗或者容易生苔藓的设施，常规维护与修复性维护的频率需要增加。

透水铺装维护标准与流程

表 4.1-10

组成部分	建议频率		需要进行维护的情形（标准）	需采取的措施（流程）
	检查	常规维护		
表面/磨耗层				
多孔沥青、透水混凝土及透水砖磨耗层	S，周边建设工地有运土车经过，出现运输建筑材料车辆翻车事故后24h内	常规维护频次一般为 W。使用高效循环式/真空吸尘器频次一般是 A	表面出现沉积物、杂物、植被碎片及其他残留物堵塞孔隙或透水砖的缝隙	• 确定沉积物的来源，并评估是否可以减少或消除来源。如果源头问题无法解决，则考虑提高常规清洁的频率 • 清除路面表层堆积的沉积物、碎屑、垃圾、植被和其他残留物，并通过以下方式对铺设的透水路面进行真空清洁/清扫： （1）手推式吸尘器（人行道） （2）高效循环式/真空吸尘器（道路，停车场） （3）吸尘器或钢丝路刷（小区域） • 为防止从路砖开口或胀缝吸出过多的骨料，应在使用前调整真空吸尘设备的设置
	B，S		表面堵塞，降雨时表面出现积水或雨水从表面流走的现象	• 检查设施的整体性能 • 如果测试结果表明渗透率为设计渗透率以下，进行修复以恢复渗透率。 • 堵塞通常出现在骨料上部 2～3cm 处，可通过机械方式或纯真空吸尘器抽吸设备清除路砖开口和胀缝中粘结的沉积物、细屑或植被 • 根据制造商说明更换路砖、胀缝或开口中的骨料
	夏季 M		苔藓生长抑制渗透或造成安全隐患	• 清理人行道可在夏季干燥时用硬扫帚清除苔藓 • 清理停车场和道路时可用吸尘器清扫或硬扫帚或电动刷清除路面表层的苔藓
	B		多孔沥青、透水混凝土表面破损	• 应进行修补但禁止使用胶状粘合剂
	B		路砖丢失或损坏	• 手动移除个别破损的路砖，并更换或修复
	B		路砖间骨料损失	• 根据混凝土路砖间骨料缺失的程度或供应商建议考虑重新填充骨料
	A		表面沉降	• 考虑重新铺设 • 如果整体重新铺设则视为大修，一般在使用5～15 年后
植草砖、缝隙结构、碎拼石铺等		W/BM		• 运用耙和吹叶机等工具清除路面表层堆积的沉积物、碎屑、垃圾、植被和其他残留物根据设备供应商的指南清理表面
	一年三次，S		表面堵塞，降雨时表面出现积水或雨水从表面流走的现象	• 用真空吸污车清理和更换顶层骨料 • 应根据供应商建议更换骨料

续表

组成部分	建议频率		需要进行维护的情形 （标准）	需采取的措施 （流程）
	检查	常规维护		
表面/磨耗层				
植草砖、缝隙结构、碎拼石铺等	B		网格缺失或损坏	• 鹅卵石、碎拼石铺等可更换骨料 • 如果三个或多个相邻的网格发生破损或损坏，则更换网格块 • 根据制造商的指南修复表面
	A		表面沉降	• 考虑重新铺设 • 如果整体重新铺设则视为大修，一般在使用5～15年后
	A		鹅卵石、碎拼石铺表面骨料减少	• 用耙补充骨料
	A		植草砖草坪覆盖率不足	• 必要时恢复土壤，通过补种或栽种为土壤透气或改良 • 交通负荷可能会抑制草坪生长，可以考虑调整交通流量
表层除雪		冬季下雪后		• 使用带有滑板或滑轮的铲雪犁，使犁片略高于透水路面，防止顶层骨料流失、路砖或铺路网格损坏 • 避免把清理出的积雪堆在透水路面上方 • 避免在透水路面使用沙子做除雪材料 • 适度使用盐、糖蜜等替代融雪剂
基层				
观察孔	A，S		下雨后，雨水停留在储水模块骨料中的时间比设计时间长	• 清理骨料基层/蓄水层 • 如果未找到长时间积水的直接原因，安排时间检查表面材料状况或其他可能导致系统失效的原因
植被				
临近大型灌木或乔木	Q，夏季增加检查频次		植被生长超出设施边界，蔓延至透水铺装边缘	• 修剪植被区域，同时改善外观并且降低落叶、覆盖物和土壤堵塞透水路面的风险，防止大型植物根系破坏次表面结构的组成部分
植草砖植被	M		出现感病植被或杂草	• 清除杂草、感病植物或植物感病部分，并移送到规定场所进行处理，避免病害传染给其他植株 • 修剪后对园艺工具进行消毒，防止病害传染
		W		• 浇灌草坪
		BM		• 用覆盖式割草机割草

注：1. 频率：A＝次/年；B＝次/半年（一年两次）；Q＝次/三个月（一年四次）；M＝次/月；S＝应在暴雨（24h降雨达50mm）后开展检查；W＝次/周；BM：次/半月；C＝应在植物生根阶段（通常为前两年）开展检查；R＝雨季至少一次（杂物/阻塞类维护应在早秋落叶树的叶子脱落后进行）。

2. 依据本表检查频率检查设施相应部位，如出现"需进行维护的情形"，则需采取相应措施。如出现常规维护的内容，则应依照常规维护的频次对设施直接进行常规维护。

（4）设备与材料

表 4.1-11 为维护透水铺装的建议常用设备与材料。其中部分设备与材料用于常规维护，其他设备与材料用于专业维护。

透水铺装维护设备与材料清单

表 4.1-11

疏通磨耗层堵塞的设备	清理杂草/植物设备
☐ 手持式压力清洗机或滚刷高压清洗机	☐ 除草工具
☐ 手扶式真空清扫机（人行道）	☐ 杂草燃烧器
☐ 纯真空清扫机	☐ 防止地被或其他植物进入路面的修边与修剪设备
☐ 吸尘器（小区域）	
☐ 高压清洗机，透水路面清洗车	
清理沉积物、杂物、落叶的设备	**植草砖的其他设备**
☐ 真空清扫机（道路、停车场）	☐ 草坪修剪机
☐ 吹叶机	☐ 施肥草籽
	☐ 堆肥
	☐ 替换网格单元
侵蚀防治设备*（用于稳定相邻景观区，防止沉积物进入路面系统）	**缝隙结构、碎拼石铺等的其他设备**
☐ 防侵蚀垫	☐ 耙与铲
☐ 石块	☐ 替换堆料
☐ 有机覆盖物	（真空清扫后或在使用频率高的区域）
☐ 植物	☐ 替换网格单元
☐ 园艺工具	☐ 独轮手推车（运输替换堆料）
☐ 油布（防止景观区的路面因覆盖物堆积等发生阻塞）	
结构检查与维护设备	**透水路面系统的其他设备**
☐ 手动工具	☐ 耙与铲
☐ 打开人孔的机器	☐ 备用路砖与铺路材料
☐ 手电筒	☐ 替换堆料
☐ 窥镜	☐ 手推车
☐ 卷尺或直尺	**清理设备**
	☐ 带有滑板的扫雪犁（防止损坏透水路面）
	☐ 扫雪机

注：* 为非常规维修必需品。

7. 建设案例

（1）泉城公园步行空间透水铺装应用[33]

泉城公园位于济南市区中部，在海绵城市建设中充分考虑场地原有特性，充分利用透水铺装、下沉式绿地、雨水花园、渗透塘、渗井等渗透设施，实现公园绿地、水系等对雨水的吸纳、蓄渗和缓释作用，其中透水铺装的改造在海绵设施中占有重要的地位。对园区内老化破损的人行铺装、有安全隐患的铺装以及档次较低、景观效果差的铺装进行了透水改造，总计 3300m² 的人行道路铺装和 8200m² 的广场铺装。按区域选择不同的铺装样式和铺装材料，主要包括透水砖、透水混凝土、透水石材和组合铺装共 4 种。单一透水模式和组合铺装模式，如图 4.1-17 所示。

泉城公园生态透水铺装的改造，大大提升了泉城公园园林景观效果，同时还起到增加雨水下渗的作用，减缓路面积水。更为重要的是，它已从单一的通过性空间升级成为既可通过，又可驻足休憩，并且具有生态示范作用的多功能空间。

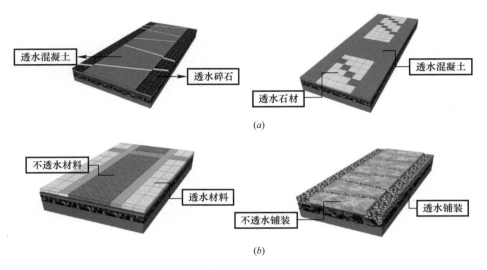

图 4.1-17　泉城公园透水铺装类型

（a）单一铺装；（b）组合铺装模式

图片来源：微信公众号拾光景观

（2）陆家嘴金融城绿色透水街道[33]

陆家嘴环路生态示范区位于陆家嘴环路靠近东方明珠一侧的人行空间，位于陆家嘴景庭和上海海洋水族馆门前，长度约 175m，最宽处约 23m。由于陆家嘴金融城内建筑高度密集、商业设施齐全、人流量大，因此，在该示范段改造设计上，为了营造出金融城的空间风格特征，使其承受高密度人流的踩踏，创造出精致性的商务休闲空间，需要铺装材料能够体现稳重，沉静的公共空间环境风格，易于营造出典雅，精致性的空间品质，并且硬度高、耐磨性好，经久耐用。目前市场上可以满足以上要求的铺装材料主要是花岗岩石材，但花岗岩不透水，针对这一矛盾，本工程中选择大面积的不透水材料（如花岗岩等）和小面积的透水材料（如彩色透水混凝土和透水路面砖等）作为该区域公共空间人行道的铺装材料改造材料，通过几种生态透水模式组合设计，既解决了大量花岗岩铺装透水的问题，又营造出宜人的步行空间环境，透水铺装设计应用如图 4.1-18 所示。

以花岗岩为主的铺装，在透水模式上主要采用四种模式：通行空间内的沟缝式、平面组合式、边界空间内的明沟式以及绿地休憩空间的雨水花池式。本项目实现了人行空间的景观效果、空间利用以及生态透水性能三大特性的优化组合，并起到积极的生态推广示范作用。陆家嘴金融城生态透水铺装示范段建成后如图 4.1-19 所示。

4.1.6　生物滞留设施（渗、滞、净）

1. 概念及结构

生物滞留设施指在地势较低的区域，通过植物、土壤和微生物系统蓄渗、净化雨水径流的设施，是对雨水进行调节并储存净化的结构型用地。生物滞留设施主要通过植物—微生物—土壤—填料渗滤径流雨水，使净化后的雨水渗透补充地下水或通过系统底部的穿孔收集管将之输送到市政系统或后续处理设施。它通过增加蒸发和渗透模拟自然的水文过程达到滞留、净化雨水的目的，主要用于处理高频率的小降雨以及小概率暴雨事件的初期雨水，超过处理能力的雨水通过溢流系统排放。

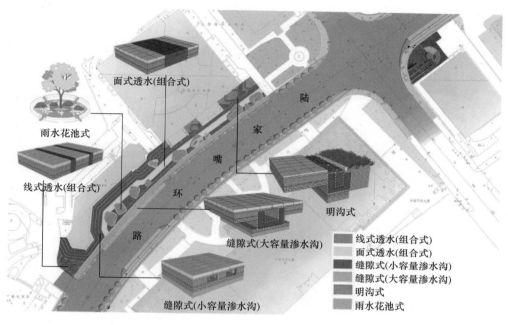

图 4.1-18　陆家嘴金融城生态透水铺装示范段—铺装透水模式设计应用图[33]

图 4.1-19　陆家嘴金融城生态透水铺装示范段俯瞰图[33]

生物滞留设施可分为简易型生物滞留设施和复杂型生物滞留设施，典型结构如图 4.1-20 所示。

根据设施外观、大小、建造位置和适用范围，又可分为雨水花园、生物滞留带（也称生物沟、生态滤沟）、滞留花坛、生态树池等[34]。

（1）雨水花园。外表与普通花园类似，长宽比一般为 1∶1～3∶1，可根据场地和景观要求设计成不同形状。雨水花园结构如图 4.1-21 所示。

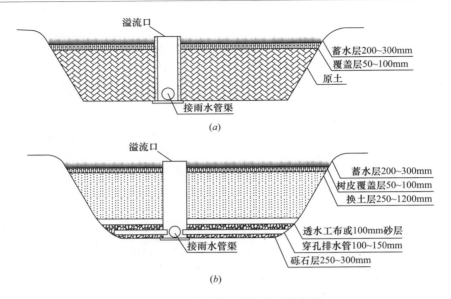

图 4.1-20　生物滞留设施典型结构图

（a）简易型生物滞留设施典型构造示意图；（b）复杂型生物滞留设施典型构造示意图

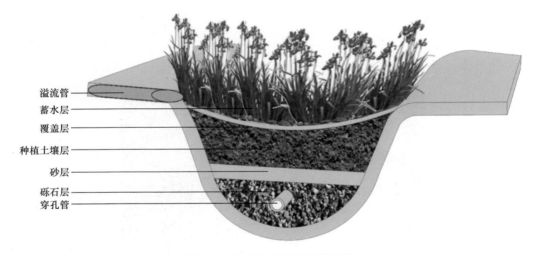

图 4.1-21　雨水花园典型结构图

（2）生物滞留带。是一种窄的、线性的、配置丰富景观植物、具有规则形状的下沉式景观空间，具有垂直的池壁和平缓的纵向坡。滞留带一般呈长条形，长宽比大于 3：1，外表类似一般的绿化隔离带。生物滞留带结构如图 4.1-22 所示。

（3）滞留花坛。滞留花坛（如高位花坛等）一般高于地面，为半地下式，周边有混凝土矮墙围挡，也可以是一个预制的混凝土单元，主要用于收集屋面雨水。

（4）生态树池。与一般的树池类似，植物主要以大中型的木本植物为主，因此对种植土深要求较高，至少为 1m。树池的标高一般比路面低一些，用以收集、初步过滤雨水径流。就行树道而言，一系列连贯的树池可以被设计成潜在的收水装置，最大限度地发挥收集、过滤雨水径流的作用。灵活性强，适应范围较广。生态树池结构如图 4.1-23 所示。

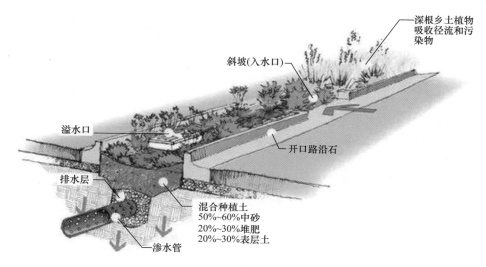

图 4.1-22　生物滞留带典型结构图[35]

2. 适用范围

生物滞留设施主要适用于建筑与小区内建筑、道路及停车场的周边绿地，以及城市道路绿化带等城市绿地内。其中：

雨水花园适用于我国低密度公寓或别墅区以及农村庭院式居住区，也可建造在场地宽阔的公园、学校及住宅区、道路周边等。

生物滞留带适用于处置路面径流，可替代停车场、道路及高速公路中间的绿化隔离带，达到净化、输送、调节道路径流和营造景观的多重目的。

滞留花坛适用于住宅区、工业区及商业区等建筑物周边。

生态树池主要用于处置路面径流，在街道、公园、广场及人行道两旁等都能使用。

3. 优缺点

生物滞留设施形式多样、适用区域广、易与景观结合，径流控制效果好，效益主要有如下几点：

图 4.1-23　生态树池典型结构图

（1）就地调蓄雨洪，削减外排径流峰值。

（2）利用植物截留、土壤渗滤来净化雨水。

（3）补给、涵养地下水，也可用于雨水收集利用。

（4）增强美学价值，创造小型生态环境，景观效果可满足市民观赏需求。

（5）调节环境温度和湿度，改善小气候。

（6）建造成本较低，施工方便，维护管理较简单。

但在地下水位与岩石层较高、土壤渗透性能差、地形较陡的地区，应采取必要的换土、防渗、设置阶梯等措施避免次生灾害的发生，将增加建设费用。

4. 设计要点

(1) 生物滞留设施选址应综合考虑周边建筑、地下设施、坡度、底层土壤的渗透性和地下水位深度等因素，并确保场地标高和坡向能够满足周边雨水汇入要求。

(2) 对于径流污染严重、设施底部渗透面距离季节性最高地下水位或岩石层小于 1m 及距建筑物基础水平距离小于 3m 的区域，可采用底部防渗的复杂型生物滞留设施。

(3) 屋面径流雨水可由雨落管接入生物滞留设施，道路径流雨水可通过路缘石豁口进入，路缘石豁口尺寸和数量应根据道路纵坡等经计算确定。

(4) 生物滞留设施应用于道路绿化带时，若道路纵坡大于 1.5%，应设置挡水堰或台坎，以减缓流速并增加雨水渗透量；设施靠近路基部分应进行防渗处理，防止对道路路基稳定性造成影响。

(5) 生物滞留设施内应设置溢流设施，可采用溢流竖管、盖篦溢流井或雨水口等，溢流设施顶一般应低于汇水面 100mm。

(6) 生物滞留设施宜分散布置且规模不宜过大，生物滞留设施面积与汇水面面积之比一般为 5%～10%。

(7) 生物滞留设施的隔离层可采用透水土工布或厚度不小于 100mm 的粗砂或细砂层，防止周围原土侵入。如经评估认为下渗会对周围建（构）筑物造成塌陷风险，或者拟将底部出流进行集蓄回用时，可在生物滞留设施底部和周边设置防渗膜。

(8) 生物滞留设施的蓄水层深度应根据植物耐淹性能和土壤渗透性能来确定，一般为 200～300mm，并应设 100mm 的超高。局部区域超高可进行适当调整，但需满足相关设计规范要求。

(9) 当土壤透水性能小于 $1.0×10^{-3}$mm/s 时，可加装穿孔排水管，采用透水土工布包裹。

5. 实施要点

(1) 针对地下水位较高、土壤渗透能力差、地形较陡的区域，需采取必要的换土、防渗、设置阶梯等措施避免次生灾害的发生，将增加建设费用。

(2) 生物滞留设施应用于道路绿化带时，道路纵坡不应大于设计要求；设施靠近路基部分应按设计要求进行防渗处理。

(3) 土方施工应根据设计和地形控制坡度和高程，坡度应顺畅，以免阻水。

(4) 土方开挖完成后，周边或预留进水口处应设置临时挡水坝等设施以防止沟槽内水土流失进入管渠系统造成堵塞及污染，并防止周边土壤进入设施对土壤渗透性能及深度造成影响。

(5) 入渗型生物滞留设施的机械开挖、挡墙砌筑作业等宜在设施外围进行，避免因重型机械碾压等作业降低基层土壤渗透性能。

(6) 已压实土壤可通过对不小于 300mm 厚度范围内的基层土壤进行翻土作业，尽量恢复其渗透性能，有条件的应对施工前后的土壤渗透性能进行监测，以确定翻土厚度。

(7) 生物滞留设施的蓄水层深度应满足设计要求，换土层介质类型及深度应满足出流水质要求，还应符合植物种植及园林绿化养护管理技术要求；为防止换土层介质流失，换土层底部一般设置透水土工布隔离层，也可采用厚度不小于 100mm 的砂质反滤层（细砂和粗砂）代替；砾石层起到排水作用，厚度一般为 250～300mm，可在其底部埋置管径为 100～150mm 的穿孔排水管，砾石应洗净且粒径不小于穿孔管的开孔孔径；为提高生物滞留设施的调蓄作用，在穿孔管底部可增设一定厚度的砾石调蓄层。

6. 运营维护

（1）维护要点

生物滞留设施的维护要点主要集中在景观种植区域。

在栽种植被的初始时期需要在植被区域进行灌溉，但施肥以及杀虫剂应尽量少用。在长期干旱的时期内，暂时性地加强灌溉可以维持植物的生命力。灌溉的频率取决于植物的种类和季节。

常规的维护应主要包括对树和灌木的养护，以及后期对死亡和染病植物的移除。在积水区域应当采取适当的方式提高设施的渗水速率并且防止蚊虫以及病菌的滋生。当有景观的需求或覆盖层受到侵蚀时应更换覆盖层。

生物滞留设施的主要组成部分的功能与维护要点如下：

1）入水口

雨水通过多种方式流入生物滞留设施，必须保证入水口畅通。此外，还必须维护管道入口或狭窄的路缘石等水流集中区域的侵蚀防治设施。在当季第一场降雨后需检视生物滞留设施的入口，之后在雨季每个月都应检查是否存在漂浮物或沉淀物累积，如图 4.1-24 所示。应清除任何阻碍水流进入生物滞留设施的漂浮物或沉淀物。

图 4.1-24　生物滞留设施入口集水坑被碎渣垃圾等堵塞

2）设施基础结构

a. 生物滞留设施如果在暴雨结束后水位下降速度放缓，可能是生物滞留设施的土壤被压实或因沉积物淤积造成阻塞。维护内容主要包括疏通堵塞、更换部分或全部土壤等措施，如图 4.1-25 所示。

b. 有机覆盖物能有效减少杂草，调节土壤温度和湿度，并增加土壤有机质。在有重金属沉降的生物滞留设施的覆盖层应每年更换一次。无重金属沉降的区域须定期补充有机覆盖层并使其厚度维持在 50～75mm，并且每 2～5 年更换一次。

3）溢流

超出设施容量的水流会通过管道、路缘石、渠道等溢流结构排出。因此需保持出水管道与溢流结构畅通，确保超标雨水安全排放。溢流区域应在当季第一场降雨后检视，雨季应及时清理沉淀物。

4）地下排水管或暗渠

如果土壤渗滤缺乏稳定性，可以在生物滞留设施中设置地下排水管或暗渠。地下排水管或暗渠安装在土壤层下方收集与输送处理后的雨水。地下排水或暗渠系统的排水系统必须保持畅通确保雨水能够按照设计进入系统。应不定期清理管渠内的杂物。安装限流装置的地下管道或暗渠应定期检查限流装置。

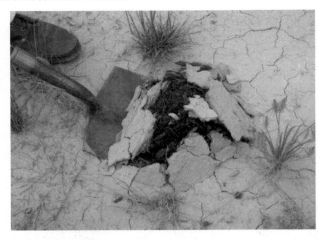

图 4.1-25　生物滞留设施被沉积物堵塞

5）植被

生物滞留系统依靠植被截流、吸收和蒸散雨水。此外，植物根部能够改善土壤结构，提高渗透能力。植物维护主要包括除草、修剪和灌溉。在植物发展根系的最初 2～3 年以及持续较长的旱季，灌溉对植物维护至关重要。

（2）维护标准与流程

表 4.1-12 为生物滞留设施各部分的建议维护频率、标准和程序。如果设施沉积物较多，常规维护和修复性维护的频率需增加。

生物滞留设施维护标准与流程　　　　　　　　　　　　　　　表 4.1-12

组成部分	建议频率		需要维护的情形（标准）	需采取的措施（流程）
	检查	常规维护		
设施基础结构				
土质边坡	B, S		边坡出现坍塌	• 恢复设计坡度并加固
	W/BM, S		入水口、出水口和两侧斜坡周围由于侵蚀形成的切口深度超过 50mm	• 清除侵蚀源头，稳定受损部分，重整坡度，恢复植被及设置防侵蚀垫 • 对于较深的侵蚀切口，应设临时侵蚀防控措施至可以进行永久修复 • 如果侵蚀问题持续存在，则应该重新评估：（1）来自产流区的径流量和生物滞留设施尺寸；（2）设施内部径流速度和梯度；（3）设施入水口处的径流分散和侵蚀防护策略
	W/BM, S		侧边的侵蚀使斜坡成为危害	• 采取措施清除危害，并加固斜坡

续表

组成部分	建议频率		需要维护的情形（标准）	需采取的措施（流程）
	检查	常规维护		
设施基础结构				
设施集水区域	M，S		出现垃圾及其他杂物	• 清理垃圾和杂物
	建造 2 年内 Q，之后 B，S		暴雨结束后积水在蓄水层中停留 24 小时及以上	• 确定原因并按照以下步骤处理，确保 24h 以内排空积水： （1）检查设施底部堆积的落叶或残渣，清除落叶或沉积物 （2）如有暗渠或盲管，应确保暗渠或盲管未堵塞 （3）检查有无地下水、非法连接管线等其他水注入 （4）核实设施尺寸适宜，与汇水分区匹配，确认汇水分区没有增加 • 如果（1）~（4）未能解决问题，可能是填料土被表面的沉积物堵塞或压实。挖一个小孔观察土壤剖面，确定压实深度或堵塞前缘，确定需要移除或修复的土壤深度
	M，S		沉淀物淤积降低了渗透速度或严重影响设施蓄水容量	• 清除过量沉积物，确定并控制沉积物来源 • 更换因沉积物堆积和清除而损坏或毁坏的植被 • 为新栽种的植被铺加有机覆盖层 • 如果沉积物反复淤积，考虑增加预沉池或设置截水沟
挡水堰/拦水坝	W/BM，S		沉淀物、植被或残留物阻塞或堆积	• 清理堵塞物
	W/BM，S		出现侵蚀	• 处理侵蚀部分并评估原因
	A		拦水坝损坏或倾斜	• 恢复到水平位置或更换
土壤	按需开展		如需进入设施内部开展维护工作，则需要对生物滞留土壤进行保护	• 设施空间架构的负荷最小化，避免生物滞留填料土压实 • 不得在设施区域内操作设备或施加重负荷 • 如果必须在设施上面行走或必须将设备置于设施中，应考虑采取措施分散负荷 • 如果出现土壤压实，必须疏松土壤将其恢复到最初设计状态
有机覆盖层				
有机覆盖物	清除杂草后		出现裸露点或覆盖物厚度不足 50mm	• 用手动工具补充覆盖物 • 有重金属沉降的生物滞留区域，有机覆盖层每年更换一次 • 普通区域覆盖层应每 2~5 年更换一次 • 保证所有覆盖物远离木本植物根茎

续表

组成部分	建议频率		需要维护的情形 （标准）	需采取的措施 （流程）
	检查	常规维护		
入水口/出水口/管道/溢流口				
路缘石入水口	暴雨之前，M，秋季落叶期间 W		路缘石上落叶堆积	• 清理落叶
管道入水口/出水口	W/BM，S		沉积物、残留物或覆盖物堵塞入水口或出水口，降低过流能力	• 清除堵塞物 • 找到堵塞源头，采取措施预防以后出现堵塞
	M，秋季落叶期间 W		入水口/出水口处落叶堆积	• 清理落叶
入水口处侵蚀防控	W/BM		集中径流造成侵蚀	• 覆盖石块、卵石或采取防侵蚀垫等其他侵蚀预防措施保护管道、路缘石或低洼地等径流集中流入设施的区域
管道/暗渠	A		管道/暗渠损坏	• 修复或更换
	Q		管道/暗渠堵塞	• 清除植物根系或杂物 • 喷气清洗或旋切暗渠中的杂物或植物根系
		Q/B		• 如果暗渠或管道上装有节流孔等限流装置来降低径流量，必须定期清理限流装置
	A		地下排水层失去功效	• 彻底更换管道/暗渠，通常5～10年
拦污栅	S		拦污栅上出现垃圾或其他杂物	• 清除或处理
	B，S		拦污栅损坏或缺失	• 修复或更换
溢流口	M，S，当季第一场降雨后		沉积或杂物造成过流能力下降	• 清除沉积物或处理杂物
土工布	A		土工布出现损坏	• 修补或彻底更换
植被				
一般性植被	视植被种类而定		出现感病植被	• 清除感病植物或植物感病部分，并移送到规定场所进行处理，避免病害传染给其他植株 • 修剪后对园艺工具进行消毒，防止病害传染
绿地底部和高处斜坡的植被	春季和秋季 W，夏季和冬季 BM		植被根系萌发后两年内成活率不达设计标准	• 确定植物生长不良的原因，矫正不良因素，必要时重新进行栽种，使成活率达到设计标准
杂草	栽种后2年内 M，之后 Q		出现杂草	• 根据情况选用钳类工具或除草机把杂草连根拔除 • 杂草必须作为垃圾立即移除、装袋或处理
植被越界生长	Q		低矮植被的生长超出设施边缘，蔓延到道路边缘，对行人构成安全隐患；出现落叶、腐叶和土壤堵塞邻近的透水路面的情况	• 修边或修剪位于设施边缘的地被植物与灌木
	视植被种类而定		植被密度太高，雨水径流无法按照设计流入设施并形成积水	• 确定修剪或其他例行维护是否足以保证植物的合适密度与美观 • 确定是否应该更换栽种的植被类型，避免后续的维护问题

续表

组成部分	建议频率		需要维护的情形 （标准）	需采取的措施 （流程）
	检查	常规维护		
植被				
植被越界生长	视植被种类而定		植被堵塞路缘石，造成过量沉积物堆积和径流改道	• 清理堆积的植被和沉积物
灌溉（树木、灌木和地被植物栽种后第 1 年生根期）		旱季 W/BM		• 地被植物 100L/m² • 深浇水，保证根部上方 15～30cm 湿润 • 如果可行，应有节奏地来回浇水以加强土壤吸收 • 为降低表面张力，预先浇灌干性或疏水性土壤或覆盖物，之后多次重复。使用这种方法，每浇灌一个来回都能提高土壤吸收，让更多的水渗入土壤，减少流失
灌溉（树木、灌木和地被植物第 2 年或第 3 年生根期）		旱季 BM/M		• 地被植物 100L/m² • 深浇水，保证根部上方 15～30cm 湿润 • 如果可行，应有节奏地来回浇水以加强土壤吸收 • 为降低表面张力，预先湿润干性或疏水性土壤/覆盖物，之后多次重复。使用这种方法，每浇灌一个来回都能提高土壤吸收，让更多的水渗入土壤，减少流失
灌溉系统				
灌溉系统		按照供应商的规定		• 按照制造商的规定进行运营和维护
害虫				
蚊虫	B，S		雨后积水存 48h 以上产生蚊虫等害虫	• 确定积水出现的原因，采取适当解决措施 • 为维护工便利，可手动清除积水，如果径流不产生污染则可排入雨水下水系统，禁止使用杀虫剂
有害生物	每次与植被管理相关的现场巡检		害虫出没迹象，例如树叶枯萎、树叶和树皮被啃、虫斑或其他症状	• 清除病株和死株，减少害虫藏匿场所 • 经常清除宠物粪便

注：1. 频率：A＝次/年；B＝次/半年（一年两次）；Q＝次/三个月（一年四次）；M＝次/月；S＝应在暴雨（24h降雨达 50mm）后开展检查；W＝次/周；BM：次/半月；C＝应在植物生根阶段（通常为前两年）开展检查；R＝雨季至少一次（杂物/阻塞类维护应在早秋落叶树的叶子脱落后进行）。

2. 依据本表检查频率检查设施相应部位，如出现"需进行维护的情形"，则需采取相应措施。如出现常规维护的内容，则应依照常规维护的频次对设施直接进行常规维护。

（3）设备与材料

表 4.1-13 为维护生物滞留设施建议常用设备与材料。其中部分设备材料用于常规维护工作，其他设备材料用于专业维护。

生物滞留设施维护设备与材料清单   表 4. 1-13

园艺设备	园艺材料*
□ 手套	□ 植物
□ 除草工具	□ 地桩与绳结
□ 修枝剪	**侵蚀防控材料***
□ 粗枝剪	□ 石垫用石块与卵石
□ 地桩与拉索	□ 防侵蚀垫
□ 割草机	**有机覆盖物**
□ 锄	□ 树艺木屑有机覆盖物
□ 耙	□ 粗堆肥有机覆盖物
□ 手推车	□ 石块有机覆盖物
□ 铲	**管道/结构检查和维护设备**
□ 推式路帚	□ 破土工具
□ 磨刀器	□ 手电筒
□ 油布/桶（用于清理落叶或杂物）	□ 窥镜（无需进入结构内部便可观察管道状况）
□ 垃圾袋（用于处理垃圾或杂草）	□ 管道疏通器
□ 树皮和有机覆盖物风机	□ 卷尺或直尺
□ 维护时工作人员站立的站板（防止压实土壤）	**专业设备***
浇灌设备	□ 微型挖掘机
□ 软管	□ 卡车
□ 喷洒器	□ 手动播种机
□ 树用浇水袋	□ 土壤检测设备（T形把手岩心取样器、土钻、土壤养分检测工具）
□ 桶	□ 燃烧除草器或热水除草器
□ 洒水车	□ 用于清理暗渠中植物根系的水刀切割机
	□ 渗滤测试设备

注：* 为非常规维护必需品。

7. 建设案例

（1）澳大利亚爱丁堡雨水花园[36]

爱丁堡雨水花园是为了给公园中的树木提供灌溉用水而建立的，同时也为整个公园提供装饰性的作用，给居民一个放松休闲的场所。墨尔本已经经历了多年的干旱，这个雨水花园有效地解决了干旱难题。经过设计，整个雨水花园每年将吸收 16t 的固体悬浮颗粒，同时通过植物生长吸收 0.16t 的营养盐、氮等一些元素，减少垃圾产量。同时地下存水的过滤水将达 200t，提供每年公园所需灌溉水的 60%，雨水花园如图 4.1-26 所示。

（2）波特兰雨水花园[37]

波特兰位于美国的西北部，受季风气候影响，是一个多雨城市，解决过多的雨水问题就成了波特兰市的首要问题。由迈耶·瑞德景观建筑事务所设计的波特兰会议中心的雨水园，成功解决了雨水排放和初步净化处理问题。设计师利用当地水池、植物根系、沙石以及土壤特性，将浑浊的雨水进行净化、沉淀，经过过滤干净清洁的水透过土壤被下渗到地下，解决了径流与污染物控制的问题，同时还创造了美景，如图 4.1-27 所示。

（3）清华大学胜因院[38]

胜因院位于清华大学大礼堂传统中轴线南段西侧，始建于 1946 年，是清华大学近代教师住宅群之一。累年的校园变迁，使得胜因院局部低洼，加之缺乏市政排水设施，内涝

图 4.1-26　澳大利亚爱丁堡雨水花园

图 4.1-27　波特兰雨水花园

问题严重。胜因院改造项目最终明确地抓住了核心目标——用雨洪管理设计理念和方法缓解内涝问题。其他一切景观设计内容（公共空间、教育、纪念）都围绕这个主题，以"配角"身份铺展。项目共设 6 处雨水花园，根据其高差关系，设置好各自的溢水口，以砾石沟或浅草沟连接，实现联动调蓄作用，中 2 号雨水花园标高最低，溢水口连接市政雨水管，过量雨水靠重力外排。胜因院作为规模仅 1hm² 多的一处场地改造案例，以小见大，强调在雨洪径流产生的源头，通过合理的场地竖向设计、下垫面渗透性改善措施，利用场地现有的绿地景观元素调蓄、处理并削减径流总量，进而将雨洪管理措施创造性地与场地景观营造有机融合，使场地更新改造成为解决积涝问题与创造新景观的契机。这种低成本、低影响的景观途径，对我国众多城市的老旧城区在解决雨洪内涝问题的策略选择方面颇具启发意义。胜因院雨水花园现状如图 4.1-28 所示。

（4）固原玫瑰苑小区

玫瑰苑项小区位于固原市原州区西南新区，九龙路以北，占地面积 43800m²。小区东西长 300m，南北长 146m，共有 17 栋住宅楼和 2 栋商业楼。小区地质情况为一级非自重湿陷性黄土地区。小区内共设有雨水花园 10 处，总面积 650.35m²。考虑该小区为特殊地质湿陷性黄土地区，雨水花园设土工布防渗，土工布单位面积质量≥200g/㎡。土工布上下均使用 50mm 厚粗砂包裹，本工程雨水花园蓄水深度均为 30cm。雨水花园建成后被用于汇聚并吸收来自屋面或地面的雨水，通过植物、沙土的综合作用使雨水得到净化，超标雨水经溢流式雨水口排至现有雨水管网或排水管网。雨水花园现状如图 4.1-29 所示。

图 4.1-28　胜因院雨水花园现状图

图 4.1-29　玫瑰苑小区雨水花园现状图

4.2　存储及回用设施

4.2.1　雨水湿地（蓄、净）

1. 概念及结构

雨水湿地是一个综合的生态系统，它利用物理、水生植物及微生物等作用净化雨水，是一种高效的径流污染控制设施。一般设计成防渗型以便维持雨水湿地植物所需要的水量，雨水湿地常与湿塘合建并设计一定的调蓄容积。在污染物清除以及提供美学价值和野生动物栖息地方面，湿地为最高效的雨水管理措施。根据系统布水方式及水流方式的差异，雨水湿地分为自由表面流及潜流型两种类型。潜流雨水湿地又分为水平潜流、垂直潜流、潮汐潜流三种类型。

雨水湿地一般由进水口、前置塘、沼泽区、出水池、溢流出水口、护坡及驳岸、维护通道等构成。雨水湿地典型结构如图 4.2-1 所示。

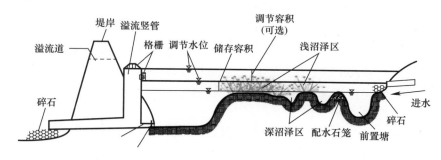

图 4.2-1　典型雨水湿地结构

2. 适用范围

雨水湿地适用于具有一定空间条件的建筑与小区、城市道路、城市绿地、滨水带等区域。其中：

自由表面流城市雨水湿地特点是水流在湿地表面呈推流式前进，具有景色优美，操作简单等优点，但去污能力有限，在海绵城市雨水湿地系统中常用于承接雨水径流与造景。

水平潜流城市雨水湿地应用最为广泛，水流在湿地床表面下水平流动，具有高效的处理效率，在海绵城市雨水湿地系统中多用做截留净化主体。

垂直潜流城市雨水湿地进水由表面纵向流至床体，床体处于不饱和状态，硝化能力高，对 N、P 处理效果好。

潮汐潜流城市雨水湿地目前处于研究阶段，其机理是通过芦苇床规律性的进水和空气运动，提高氧在床体内的传输效率，从而极大提高湿地的处理效果。

3. 优缺点

雨水湿地是海绵城市的重要技术手段之一，位于海绵城市雨水处理链的末端，从海绵城市的视角来看城市雨水湿地相比其他处理方式具有以下优势：

（1）处理效果好。国际上城市雨水湿地已成为解决雨水面源污染的主要措施，对于雨水径流中悬浮物、重金属、氮、磷等污染物具有较好的去除效果，同时汛期城市雨水湿地可以减缓径流，蓄洪防旱。

（2）资金投入少。城市雨水湿地选址一般在经济价值较低的荒地结合当地地势进行建设，低投入费，低运行费，同时有效减少城市雨水管道建设的资金投入。

（3）生态及景观效益好。城市雨水湿地具有保护当地生物多样性、含蓄水源、调节气候等生态价值；相比传统污水处理工艺城市雨水湿地更具观赏价值，通过园林景观手段可以美化环境形成旅游景点。

但雨水湿地也存在以下不足：

（1）要求较大的土地面积。

（2）活力湿地需要连续基流。

（3）容易受病虫害影响。

（4）生物和水力复杂性加大了对其处理机制、工艺动力学和影响因素的认识理解，常由于设计不当使出水达不到设计要求。

4. 设计要点

雨水湿地与湿塘的构造相似，一般由进水口、前置塘、沼泽区、出水池、溢流出水口、护坡及驳岸、维护通道等构成。雨水湿地应满足以下要求：

（1）雨水湿地应设置前置塘对径流雨水进行预处理。

（2）进水口和溢流出水口应设置碎石、消能坎等消能设施，防止水流冲刷和侵蚀。

（3）沼泽区包括浅沼泽区和深沼泽区，是雨水湿地主要的净化区，其中浅沼泽区水深范围一般为 $0 \sim 0.3m$，深沼泽区水深范围为一般为 $0.3 \sim 0.5m$，根据水深不同种植不同类型的水生植物。

（4）雨水湿地的调节容积应在 24h 内排空。

（5）出水池主要起防止沉淀物的再悬浮和降低温度的作用，水深一般为 $0.8 \sim 1.2m$，出水池容积约为总容积（不含调节容积）的 10%。

（6）雨水湿地的土壤层应为未压实的天然土，沼泽区宜覆盖 $50 \sim 150mm$ 以上的土壤过滤层，过滤层的材料宜为 50% 的中粗砂、20% 的腐质层、30% 的表土。

5. 实施要点

（1）施工前应对进水口、前置塘、主塘、出水池、溢流出水口、护岸及驳岸、维护通道等平面位置的控制桩及高程控制桩进行复核，确认无误后方可施工。

（2）采用机械开挖时，基底和边坡应至少留出 150mm，由人工挖至设计标高和边坡坡度，如局部出现超挖，必须按设计要求进行处理。

（3）对沟槽侧壁设立足够的支撑，保证开挖尺寸和施工安全，开挖范围控制在现场范围，不得损坏或干扰附近的建筑物，开挖边坡以基坑能保持稳定来确定。

（4）雨水湿地所采用的水泥、集料、砌块、管材、管件等材料，其材质应符合设计要求，并按规定进行检测，合格后方可使用。

（5）应设置护栏、警示牌等安全防护和警示标志。

6. 运营维护

（1）维护要点

1）景观和植被的维护是雨水湿地的重要维护工作。定期维护植物的生长，根据情况修剪或者清除，及时发现并除去入侵物种。

2）及时清除雨水湿地内累积的垃圾和碎片，同时也应检查和及时清除前置塘或沉淀区的沉淀物，如图 4.2-2 所示为前置塘出口处拦污栅的截污情况。

3）定期检查，及时修复出现的下沉、侵蚀、裂缝现象。

4）定期检查出水口和紧急溢流口，及时清除出水口累积沉积物。

5）定期检查泵、阀门等相关设备，保证其能正常工作。

（2）维护标准与流程

表 4.2-1 为雨水湿地各组成部分的建议维护频率、标准与流程。

图 4.2-2 出口垃圾拦污栅

雨水湿地维护标准与流程

表 4.2-1

组成	建议频率		需要维护的情况 （标准）	需采取的措施 （流程）
	检查	常规维护		
基础结构				
护坡	B，S		护坡出现坍塌	• 修复护坡坍塌损毁部分，恢复至设计坡度并做稳定处理。
	B，S		护坡植被出现侵蚀，有大面积裸露土壤；或在修补护坡之后	• 补种护坡植物
前置塘	B，S		内部侵蚀或过多的沉积物（超过50%），垃圾货碎渣堆积	• 检查沉积物的堆积，并确定前池的处理能力仍旧维持设计水平并清除所有堆积的沉积物
深沼泽区	A，S		出现泥沙和碎渣堆积导致容量或深度下降	• 清除垃圾及淤泥，恢复设计深度，修复深水通道
沼泽区（包括深沼泽区和浅沼泽区）/主塘	B		出现垃圾、碎渣淤积	• 清除垃圾和淤积
入水口/出水口/管道/溢流设施				
入水口/出水口/管道	M，S		连接各区域的管道入水口/出水口/管道存在沉积堆积或阻塞垃圾、杂物	• 清除垃圾、杂物及沉积物
	B，S		管道开裂、坍塌、破损	• 修理或密封裂口 • 无法修复时更换管道
溢流设施	M		溢流设施淤积	• 清理垃圾以及其他沉积物
湿地/湿塘出口	W，S		在出口附近有大量的碎渣，内部有腐蚀	• 清除垃圾，树叶和碎渣以减少出口堵塞以及提高设备的美观度，应修复腐蚀部位及做稳定处理
植被				
一般性植被	视植被种类而定		出现感病植被	• 清除感病植物或植物感病部分，并移送到规定场所进行处理，避免病害传染给其他植株 • 修剪后对园艺工具进行消毒，防止病害传染

续表

组成	建议频率		需要维护的情况 （标准）	需采取的措施 （流程）
	检查	常规维护		
植被				
乔木和灌木	M		出现直立状死株	• 清除直立状死株 • 在植物被死亡和濒死后 30d 内，在可行的天气条件或栽种环境下进行更换死株的工作。如果在 30d 内更换死株不可行，且因没有植被造成侵蚀问题，则应立即实施临时性侵蚀防控措施 • 确定植被死亡的原因，解决根源问题 • 如果特定植物死亡率高，则需要评估死亡原因并且用合适品种替代
	栽种 2 年内 M，以后 Q		树木生长和固定需要撑木和牵索	• 为了防止刺穿损坏管道，在安装支架前确认设施管道的位置 • 监控树木固定支架，如必要应修理或调整支架，以起到固定效果，避免损伤树木 • 一个生长季节或者最多一年后，移除固定支架移除后回填撑木孔
	A		高大乔木或灌木影响湿地/湿塘的维护通道	• 必要时清除
乔木和灌木		时间因品种而异		• 修剪乔木和灌木时，应该使用适合该品种的方式。应由熟悉相应修剪技术的园林专业人士进行修剪
开花植物	栽种 2 年内 M，以后 Q		出现死株	• 清除死株（枯花） • 定期由专业人士修剪
多年生植物	栽种 2 年内 M，以后 Q		出现死株	• 修剪凋萎或死亡和脱落的茎叶
挺水植物	栽种后分别在 6 个月和一年期时检视，之后一年 3 次		植被覆盖率不达标或植被阻挡水流通道	• 如果茎叶阻塞水流，在春天或长出新叶之前，用小耙清除死叶。检视栽种 6 个月后是否覆盖超过 50%；检视栽种一年之后是否覆盖超过要求的覆盖率。如覆盖率不达标则应补种挺水植物
观赏草（多年生植物）	栽种 2 年内 M，以后 Q		上一个的生长周期产生的植物残留材料	• 保留落叶用于冬季防寒 • 如果落叶阻塞水流，在长出新叶前，用小耙将落叶清理到离土壤数厘米的距离
观赏草（常绿植物）	栽种 2 年内 M，以后 Q		出现死株	• 在春天长出新草之前，用小耙清理死株
杂草	栽种后 2 年内 M；之后 Q		出现杂草	• 根据情况选用钳类工具或除草机把杂草连根拔除 • 杂草必须作为垃圾立即移除、装袋或处理 • 为保证水质，严禁使用除草剂

组成	建议频率		需要维护的情况 （标准）	需采取的措施 （流程）
	检查	常规维护		
液位与水质				
液位	降雨期间 实时监控		达到高液位	• 检视溢流系统是否具备正常工作的能力 • 若溢流系统出现问题须抢修
水质	B		水质不达要求	• 评估污染源并进行处理 • 检测整个设施的淤堵情况并处理
设备				
泵	B		非正常工作状态	• 依据供应商指导维修或更换
阀门	B		非正常工作状态	• 依据供应商指导维修或更换
闸门	B		非正常工作状态	• 依据供应商指导维修或更换
其他				
外来物种	A		出现外来入侵物种	• 清除外来物种

注：1. 频率：A＝次/年；B＝次/半年（一年两次）；Q＝次/三个月（一年四次）；M＝次/月；S＝应在暴雨（24h降雨达 50mm）后开展检查；W＝次/周；BM：次/半月；C＝应在植物生长阶段（通常为前两年）开展检查；R＝雨季至少一次（杂物/阻塞类维护应在早秋落叶树的叶子脱落后进行）。
2. 依据本表检查频率检查设施相应部位，如出现"需进行维护的情形"，则需采取相应措施。如出现常规维护的内容，则应依照常规维护的频次对设施直接进行常规维护。

（3）设备与材料

表 4.2-2 为维护雨水湿地建议常用设备与材料。其中部分设备材料用于常规维护工作，其他设备材料用于专业维护。

雨水湿地维护设备与材料清单　　　　　　　　　　　表 4.2-2

园艺设备	园艺材料*
□ 手套	□ 植物
□ 除草工具	□ 地桩与绳结
□ 切土刀	侵蚀防控材料*
□ 修枝剪	□ 石垫用石块与卵石
□ 粗枝剪	□ 防侵蚀垫
□ 地桩与拉索	管道/设备检查和维护设备
□ 手动修边机	□ 手动工具
□ 旋耕机	□ 扳手或人孔提吊工具（用于打开人孔盖、格栅等）
□ 锄	□ 手电筒
□ 耙	□ 窥镜（无需进入结构内部便可观察管道状况）
□ 手推车	□ 管道疏通器
□ 铲	□ 卷尺或直尺
□ 推式路帚	专业设备*
□ 手夯锤	□ 挖掘机
□ 磨刀器	□ 卡车
□ 油布/桶（用于清理落叶/杂物）	□ 手动播种机
□ 垃圾袋（用于处理垃圾或杂草）	□ 水质检测设备

注：* 为非常规维护必需品。

7. 建设案例

（1）哈尔滨群力湿地公园[39]

群力湿地公园位于中国东北哈尔滨群力新区，公园占地 34ha，是城市的一个绿心。场地原为湿地，但由于周边的道路建设和高密度的城市发展，导致该湿地面临水源枯竭、湿地退化，并有消失的危险。将面临消失的湿地转化为雨洪公园，一方面解决新区雨洪的排放和滞留，使城市免受洪涝灾害，另一方面利用城市雨洪恢复湿地系统，营造出具有多种生态服务的城市生态基础设施。

本项目的设计策略是保留场地中部的大部分区域作为自然演替区，四周通过挖填方的平衡技术，创造出一系列深浅不一的水坑和高低不一的土丘，形成自然与城市之间的一层过滤膜和体验界面。沿湿地四周布置雨水进水管，收集城市雨水，使其经过水体系统沉淀和过滤后进入核心区的自然湿地。山丘上密植白桦林，水体中为乡土水生和湿生植物群落。高架栈桥连接山丘，布道网络穿越于丘林。水体中设临水平台，丘林上有观光亭塔，创造丰富多样的体验空间，如图 4.2-3 所示。

图 4.2-3　哈尔滨群力湿地公园
图片来源：https://www.turenscape.com/project/detail/435.html

建成后的雨洪公园，不但为防止城市涝灾做出了贡献，同时成为新区城市居民游憩和体验生态的场所。昔日的湿地得到了恢复和改善，并已晋升为国家城市湿地，该项目成为城市生态设计、城市雨洪管理和景观城市主题设计的优秀典范。

（2）成都活水公园[40]

成都活水公园，占地 24000 多平方米，坐落于成都市中心府南河畔，是一个具有国际知名度的环境治理的成功案例。园中庞大的水处理工程，大大改善了府南河的水质。

人工湿地塘床生态系统为活水园水处理工程的核心。由 6 个植物塘、12 个植物床组成。污水在这里经沉淀、吸附、氧化还原、微生物分解等作用，达到无害化，成为促进植物生长的养分和水源。此外，对系统中的植物、动物、微生物及水质的时空变化设有几十个监测采样管，便于采样分析，为保护湿地生态及物种多样性的研究提供了实验场地，有较高的科技含量和研究价值。人工湿地的塘床酷似一片片鱼鳞，呼应了公园的总体设计。其中种植的漂浮植物有浮萍、紫萍、凤眼莲等；挺水植物有芦苇、水烛、茭白、伞草等；浮叶植物有睡莲；沉水植物有金鱼藻、黑藻等几十种，与自然生长的多类鱼、昆虫和两栖动物等构成了良好的湿地生态系统和野生动物栖息地。既有分解水中污染物和净化水体的作用，又有良好的知识性和观赏性，如图 4.2-4 所示。

图 4.2-4　成都活水公园

图片来源：百度图片

目前活水公园的日处理污水能力为 300t，是整个成都市的"绿肺"之一。活水公园曾荣获过多项国际上的环保大奖。

4.2.2　湿塘（蓄、净）

1. 概念及结构

湿塘指具有雨水调蓄和净化功能的景观水体，雨水同时作为其主要的补水水源。湿塘有时可结合绿地、开放空间等场地条件设计为多功能调蓄水体，即平时发挥正常的景观、休闲及娱乐功能，暴雨发生时发挥调蓄功能，实现土地资源的多功能利用。

湿塘一般由进水口、前置塘、主塘、溢流出水口、护坡及驳岸、维护通道等构成。湿塘典型结构如图 4.2-5 所示。

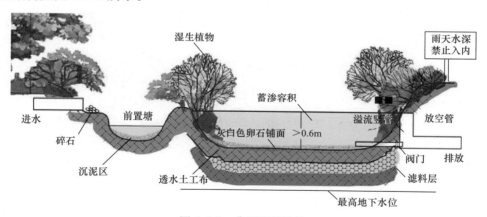

图 4.2-5　典型湿塘结构

图片来源：http://m.sohu.com/a/196131325_698856

2. 适用范围

湿塘适用于建筑小区、城市绿地、广场等具有空间条件的区域，其受纳的汇水面不宜小于 4km²。湿塘宜在场地的最低点设置，通常布置于汇水面的下游、场地雨水排入城市雨水系统的出口之前，以便充分发挥其对外排径流峰值流量的调节作用。

湿塘宜结合绿地、开放空间等场地条件，设计为多功能调蓄水体，即平时发挥正常的景观、休闲及娱乐功能，小雨时储存一定的径流雨水以控制外排水量、补充景观用水需求，暴雨发生时发挥调节功能，削减峰值流量，实现水土资源的多功能综合利用。

因为湿塘需要常年保证一定的水域面积，因而不宜在降雨量较少的地区使用，也不宜建在渗透性很强的场地上，除非是对土壤进行压实，甚至使用黏土层等进行一定程度的防渗处理。为了保持一定的水面，湿塘通常需要设置补水系统不断进行补水。

3. 优缺点

湿塘可有效削减较大区域的径流总量、径流污染和峰值流量，是城市内涝防治系统的重要组成部分；当植物种植和养护恰当时，湿塘可以形成良好的水生动植物生态环境，这是湿塘的一大优势。

但湿塘对场地条件要求较严格，建设和维护费用高。为了避免水不流动和藻类生长而导致富营养化或形成厌氧环境，设置增氧机非常有必要。为了保证特定的排水需求、曝气增氧功能以及植物的健康生长，对湿塘进行定期维护检查也是非常有必要的，其中的垃圾、沉积物等需要定期清理。

4. 设计要点

（1）湿塘进水口和溢流出水口应设置碎石、消能坎等消能设施，防止水流冲刷和侵蚀。

（2）前置塘沉泥区材料宜为混凝土或块石结构，便于清淤；前置塘应设置清淤通道及防护设施，前置塘沉泥区容积应根据清淤周期和所汇入径流雨水的 SS 污染物负荷确定。

（3）主塘的永久容积水深一般为 0.8～2.5m；储存容积一般根据所在区域相关规划提出的"单位面积控制容积"确定；具有峰值流量削减功能的湿塘还包括调节容积，调节容积应在 24～48h 内排空。

（4）主塘与前置塘的驳岸形式宜为生态软驳岸，边坡坡度（垂直：水平）一般为 1：2～1：8。

（5）两塘间的区域宜设置水生植物种植区，并种植耐冲刷的植物品种，主塘宜种植生命力较强的水生植物。

（6）溢流出水口包括溢流竖管和溢洪道，排水能力应根据下游雨水管渠或超标雨水径流排放系统的排水能力确定。

（7）湿塘的溢流管管口应设置格栅，其网格尺度以小于种植的水生植物形体、能阻止枯叶、垃圾等进入溢水管为宜，格栅材料应采用耐腐蚀材料或经防腐处理的材料，其强度视设计要求而定。

5. 实施要点

（1）施工前应对进水口、前置塘、主塘、出水池、溢流出水口、护岸及驳岸、维护通道等平面位置的控制桩及高程控制桩进行复核，确认无误后方可施工。

（2）沉泥区采用混凝土时，混凝土强度等级宜在 C15 以上，当沉泥区采用块石时，块石规格尺寸宜大于 100mm×100mm。

（3）主塘与前置塘之间设置配水石笼时，配水石笼的填料宜采用抗风化强的坚硬石块、碎石等，以保证良好的渗透性能。

（4）湿塘的溢流管管口的格栅材料应采用耐腐蚀材料或经防腐处理的材料，其强度视设计要求而定。

（5）采用机械开挖时，基底和边坡应至少留出 150mm，由人工挖至设计标高和边坡坡度，如局部出现超挖，必须按设计要求进行处理。

（6）对沟槽侧壁设立足够的支撑，保证开挖尺寸和施工安全，开挖范围控制在现场范围，不得损坏或干扰附近的建筑物，开挖边坡以基坑能保持稳定来确定。

（7）湿塘应设置护栏、警示牌等安全防护与警示措施。

6. 运营维护

（1）维护要点

1）景观和植被的维护是湿塘的重要维护工作。定期维护植物的生长，根据情况修剪或者收割，及时发现并除去入侵物种。

2）及时清除湿塘塘内累积的垃圾和碎片，同时也应检查和及时清除前置塘或沉淀区的沉淀物。

3）定期检查，及时修复出现的下沉、侵蚀、裂缝现象。

4）定期检查湿塘的进水口和出水口是否通畅，确保排空时间达到设计要求，且每场雨前应保证排空。

5）定期检查泵、阀门等相关设备，保证其能正常工作。

（2）维护标准与流程

湿塘各组成部分的建议维护频率、标准与流程参考表 4.2-1。

（3）设备与材料

维护湿塘建议常用设备与材料参考表 4.2-2。

7. 建设案例——池州九华山大道雨水湿塘

九华山大道是池州市外环交通主干道，被列为池州首批海绵城市示范项目。周边具有良好的自然本底条件，红线范围的道路边线外均有充足的绿化空间。项目划分为 5 个排水分区，沿道路东侧末端设置了 5 个湿塘，共 1.4 万 m³，除服务于道路自身雨水收集外，还包括周边源头没有改造空间的部分小区，服务面积为 23.4ha，雨水回用量 6.3 万 m³/年。湿塘有蓄洪和净化的双重效果，将防洪和净水水质的功能相统一。小雨时，湿塘可以用来过滤雨水，塘内相对稳定的微生物环境可以对水质进行不断的改善。当雨水较大或有洪水时，湿塘可以很好地为河道进行分流，起到蓄洪和削减洪峰的作用，如图 4.2-6 所示。

图 4.2-6　池州九华山大道湿塘

湿塘利用天然净化能力进行雨水处理，其净化过程与自然水体的自净过程相似，利用自然界的能量和生物的能力实现，具有运行管理费用低、实施简单、操作管理容易、去除效率高等优点。

4.2.3 蓄水池（蓄、用）

1. 概念及结构

蓄水池指具有雨水储存功能的集蓄利用设施，同时也起到削减峰值流量的作用，主要包括钢筋混凝土蓄水池，砖、石砌筑蓄水池及塑料蓄水模块拼装式蓄水池，用地紧张的城市大多采用地下封闭式蓄水池。其中：

蓄水模块易于安装，模块化拼接可以随意控制大小，随着材料的进步，其质量和承重均大大提高。

地下混凝土或砖石砌筑蓄水池造价低，但维护和清理比较麻烦。

典型的蓄水池构造如图 4.2-7 所示。

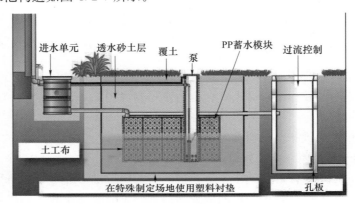

图 4.2-7　蓄水池典型构造

2. 适用范围

蓄水池适用于有雨水回用需求的建筑与小区、城市绿地等，根据雨水回用用途（绿化、道路喷洒及冲厕等）不同需配建相应的雨水净化设施。不适用于无雨水回用需求和径流污染严重的地区。

3. 优缺点

蓄水池具有节省占地、雨水管渠易接入、避免阳光直射、防止蚊蝇滋生、储存水量大等优点，雨水可回用于绿化灌溉、冲洗路面和车辆等。但蓄水池的建设费用高，后期需重视维护管理。

4. 设计要点

（1）蓄水池设置应首先考虑场地地表径流，合理规划回用数值，结合造价选择不同的类型。

（2）蓄水池储存容积宜根据区域降雨、地表径流系数、地形条件、周边雨水排放系统等因素确定，宜置于区域雨水排放系统的中游、下游。

（3）蓄水池宜采用混凝土水池、塑料模块组合水池两种。蓄水池设于机动车道下方时，宜采用混凝土水池，设于非机动车道下方时，可采用塑料模块组合水池，并采取防止机动车误入池上行驶的措施。

（4）室外地下蓄水池的人孔或检查井井盖应当具备防坠落和防盗功能。

（5）蓄水池需设置进水、排空、溢流、弃流、集水、检修、通气、清淤、监控等装置。有条件的区域蓄水池和雨水处理设施可同步建设。

5. 实施要点

（1）蓄水池施工前应根据设计要求，复核与蓄水池连接的有关管道、控制点和水准点。施工时应采取相应技术措施、合理安排施工顺序，避免新、老管道、建（构）筑物之间出现影响结构安全和运行功能的差异沉降。

（2）编制蓄水池施工方案的过程中，应包括施工过程中影响范围内的建（构）筑物、地下管线等监控量测方案。

（3）基础土方开挖应确保原状地基土不得扰动及避免超挖，机械开挖应留 200～300mm 厚的土层，由人工开挖至设计高程，整平。

（4）穿墙管道应预埋位置、高程应符合设计要求，其接缝填料、止水措施应符合设计要求，不应渗水。

（5）施工完毕后必须进行满水试验。

（6）蓄水池处于地下水位较高的区域时，应根据当地实际情况采取抗浮、抗冻措施。

（7）混凝土预制构件、砂、石材料应满足相关规范要求。混凝土的浇筑应振捣密实、养护充分，不得有蜂窝、麻面及损伤。

6. 运营维护

（1）维护要点

由于雨水径流中携带了地面和管道沉积的污染杂质，蓄水池在使用后底部不可避免地滞留沉积杂物。如果不及时进行清理会造成污染物变质，产生异味，而且沉积物聚集过多将使蓄水池无法发挥其功效。因此，对于蓄水池的维护要点为池内的沉积物清理以及预处理和过滤装置等设备的维护。

1）池内沉积物清理

冲洗蓄水池通常有以下几种方式：

a. 人力清洗

依靠人力进入蓄水池，对沉积物用工具进行清扫、冲洗、搬运。

b. 水力喷射器清洗

水力喷射器借助于吸气管和特殊设计的管嘴，在喷射管中产生负压，将吸入的空气和水混合。水力喷射器可自动冲洗，冲洗时有曝气过程可减少异味，适应于所有池型。

c. 潜水搅拌器清洗

严格地说，潜水搅拌器不能作为清洗设备，只能起到防止池底沉积的作用。潜水搅拌器可自动冲洗，适应于所有池型。

d. 机器人清洁

当前有一些蓄水模块生产商制造配套蓄水模块的机器人进入蓄水模块进行清洗。

2）截污装置

截污装置用于拦截较大的树叶和垃圾，垃圾落在截污提篮内，因此定期清理截污提篮防止堵塞是维护截污装置的关键作业。

3）雨水弃流过滤装置

定期检查弃流装置的阀门是否损坏；定期检视和清理格栅以避免堵塞。

4）过滤消毒一体机

定期检查出水水质，如不符合要求，检查过滤消毒一体机并依据供应商说明进行维护。

（2）维护标准与流程

表 4.2-3 为蓄水池组成部分的建议维护频率，标准与流程。

蓄水池维护标准与流程　　　　　　　　　　　　　表 4.2-3

组成	建议频率		需要维护的情况（标准）	需采取的措施（流程）
	检查	常规维护		
截污装置				
截污挂篮	M, S		截污挂篮充满垃圾碎渣，影响过流能力	• 清理截污挂篮
	M, S		截污挂篮损坏	• 联系供应商并更换
格栅	M, S		沉淀物堵塞格栅，影响过流能力	• 清理格栅中沉积物
雨水弃流过滤装置				
雨水弃流装置	M		检视初雨弃流量，弃流阀门出现损坏或失灵	• 依照供应商说明并修理或更换
雨水过滤装置	M, S		沉淀物堵塞格栅，影响过流能力	• 清理格栅中沉积物
池体				
清洗	至少 B, S		池底部有沉积物，碎渣等	• 依据供应商指导进行冲洗清理
土工布/防水膜损坏	A		出现渗漏或池底沉积物过多	• 检查土工布或防水膜是否被刺穿或大面积破损；依据供应商指导修补或更换
池体	A		出现混凝土池破损或裂缝或蓄水模块破损	• 修补混凝土池并在结构师指导下重新评价结构稳定性；在供应商指导下进行修补和更换
过滤消毒一体机				
过滤消毒一体机	Q		出水水质检测结果不达标	• 检测出水水质，检查是否氯不足或紫外线消毒器损坏，依据供应商指导加氯或维修
阀门组	Q		雨水过滤产生的碎渣垃圾堆积无法排出	• 检查阀门组，依据供应商指导维修
沙缸	Q		沙缸滤水速度低于设计速度或积水	• 依据供应商指导清洗沙缸并清理沉积物
管道/溢流设施				
管道	建造后2年 Q，以后 B, S		开裂、坍塌、破损，或排水管不对齐	• 修理或密封裂口 • 无法修复时更换管道
溢流设施	B		溢流设施淤积	• 清理垃圾以及其他沉积物
泵				
人孔		B		• 保持人孔的畅通以便检视并维修泵
泵	B		出现故障无法正常工作	• 按照说明维修
控制柜				
通电状况	Q		漏电或无法通电	• 进行安全检查，做防护工作并迅速维修以及恢复
控制柜	Q		无法反应调蓄池内真实状态或完全失效	• 在供应商指导下维修或更换
水质				
水质	B		水质不达标	• 评估污染源并进行处理 • 清理存在淤积的部位

注：1. 频率：A＝次/年；B＝次/半年（一年两次）；Q＝次/三个月（一年四次）；M＝次/月；S＝应在暴雨（24h降雨达 50mm）后开展检查；W＝次/周；BM：次/半月；C＝应在植物生根阶段（通常为前两年）开展检查；R＝雨季至少一次（杂物/阻塞类维护应在早秋落叶树的叶子脱落后进行）。
2. 依据本表检查频率检查设施相应部位，如出现"需进行维护的情形"，则需采取相应措施。如出现常规维护的内容，则应依照常规维护的频次对设施直接进行常规维护。

（3）设备与材料

表 4.2-4 为维护蓄水池建议常用设备与材料。

蓄水池维护设备与材料清单　　　　　　　　　　　　表 4.2-4

淤泥清理，水池清洁	检查设备	
□ 手套、防滑雨鞋	□ 手电筒	
□ 排污泵	□ 窥镜	
□ 垃圾袋，垃圾桶	□ 卷尺或直尺	
□ 清洁水源	□ 水质检测设备	
□ 软管	修补材料	
□ 扫帚，铲等	□ 防水材料	
	□ 池壁材料（土、砖、混凝土等）	
	□ 修补工具（砍砖刀、抹泥刀等）	
	□ 替换管材	

7. 建设案例

（1）固原市玫瑰苑小区 PP 蓄水池

固原市玫瑰苑小区内设置蓄水池，下雨时将雨水储存于池内，有雨水回用需求时，根据回用目标（绿化、道路喷洒）不同配建相应的水质净化设施。雨水蓄水池有效容积 168m³。

蓄水池采用 PP 模块组合水池，每块单体尺寸为 1000×500×400（mm），承压 ≥ 0.40N/mm，层间采用承插圆管进行连接，列间采用连接卡进行连接。储水池外面包裹一层 0.8mm 厚的 HDPE 防渗膜，如图 4.2-8 所示。

图 4.2-8　玫瑰苑小区蓄水池

（2）德国柏林波茨坦广场地下蓄水池[41]

由于柏林市地下水位较浅，为了防止雨水成涝，政府部门要求商业区建成后既不能增加地下水的补给量，也不能增加雨水的排放量。为此，开发商除了将适宜建设绿地的建筑屋顶全部建成"绿顶"，利用绿地滞蓄雨水外，对不宜建设绿地的屋顶，或者"绿顶"消化不了的剩余雨水，则通过专门的、已带有一定过滤作用的雨漏管道进入主体建筑及广场地下的总蓄水箱，经过初步过滤和沉淀后，再经过地下控制室的水泵和过滤器，一部分进入各大楼的中水系统用于冲刷厕所、浇灌屋顶的花园草地；另一部分被送往地上人工溪流和水池的植物和微生物的净化生境（清洁性群落生境），形成雨水循环系统，完成二次净化和过滤。地下总蓄水池设有水质自动监测系统，当水面因蒸发而下降时，自动系统便会用蓄水箱中的水进行补充，如图 4.2-9 所示。

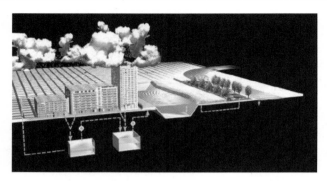

图 4.2-9　德国柏林波茨坦广场地下蓄水池示意图

图片来源：http://blog.sina.cn/dpool/blog/s/blog_14d6a75d90102yck2.html

4.2.4　雨水罐（蓄、用）

1. 概念及构造

雨水罐也称雨水桶，为地上或地下封闭式的简易雨水集蓄利用设施，可用塑料、玻璃钢或金属等材料制成。其中：

地上雨水罐的形式主要有敞开式和封闭式两种，敞开式雨水罐通风性能良好，可以根据需要在敞开处设置各类的绿植景观等，但容易进入杂物，对雨水罐的水质造成二次污染。封闭式雨水罐密封性能好，不会进入杂物，但通风性能差，容易滋生藻类细菌。

地下雨水罐设计精密合理，易于清洗维护，但造价偏高。

雨水罐典型构造如图 4.2-10 所示。

(a)　　　　　　　　　　　　　　　　　　(b)

图 4.2-10　雨水罐典型构造[19]

(a) 地上雨水罐结构；(b) 地下雨水罐结构

2. 适用范围

雨水罐适用于单体建筑屋面雨水的收集利用。对于收集雨水量较小的屋面，可以采用地面式雨水罐；对于建筑外立面有特殊要求且雨水量较大、周边场地有条件时，可以采用地下式雨水罐。雨水罐作为雨水调蓄设施，一般位于源头减排雨水系统的前端，应在所需收集雨水的建筑物周边就近布置，且以不影响建筑整体景观风貌为宜。

3. 优缺点

雨水罐一般具有收集、存储和回用屋面径流的功能，可减少外排水量和绿化灌溉等自来水用水量。目前大多数的雨水罐为成型产品，施工安装方便，可以根据需要进行组装，以适应不同场地的雨水收集要求。雨水罐维护较简单，合理设置格栅等污物拦截设施，还可进一步降低维护需求。

但其储存容积较小，雨水净化能力有限，所收集的雨水必须在相邻的两场降雨间隔时间内用完，以充分发挥其调蓄能力、减少外排水量，并避免雨水变质、产生臭味等，所收集的雨水严禁进入生活饮用水系统。

4. 设计要点

（1）雨水罐应根据实际需要，与收集、弃流、雨水回用等其他配套设施相结合，形成综合雨水收集回用系统。

（2）雨水罐储存容积大小应根据雨水收集量及雨水回用量确定。

（3）地上雨水罐宜结合景观工程要求，采用塑料、玻璃钢、金属、陶瓷、石材、木桶等材质的成品雨水罐。

（4）地下雨水罐的检查井井盖应当具备防坠落和防盗功能。

（5）雨水回用应针对不同的回用用途及回用水质要求，对雨水进行处理。当回用水用于不与人体接触的绿化、景观补水等用途时，可简单采用沉淀、过滤等措施对雨水进行处理；当回用水用于与人体发生接触的景观补水等用途时，除采用沉淀、过滤等措施外，还应采用消毒措施，规模不大于 $100m^3/d$ 时，可采取用氯片作为消毒剂，规模大于 $100m^3/d$ 时，可采取次氯酸钠或其他消毒剂消毒。

5. 实施要点

（1）雨水罐的品种、规格应符合设计要求，采用半成品应进行现场验收。

（2）雨水罐的安装方式分为地上安置或地下埋设，施工前应对雨水罐平面位置及安装高程进行复合，确认无误后方可施工。

（3）采用埋地式施工时，应确保基坑安全放坡、尺寸准确，基坑承载力满足设计要求。

（4）进水口拦污设施应设置正确，以初步净化雨水，降低后续清理难度。

（5）基坑回填应分层填筑、对称施工，回填密实度应满足设计要求，回填前应进行雨水罐安装隐蔽验收。

（6）安放在地面上的雨水罐应确保固定牢靠，使用方便，便于维护。

（7）雨水罐周边应按设计要求做好排水设置。

（8）埋地式雨水罐顶部检查口应加设防坠落设施。

6. 运营维护

（1）维护要点

雨水罐需在雨季进行常规的维护以维持正常的功能，维护要点如下：

1）雨水罐中的碎渣主要来源是落叶垃圾和其他在排水沟累积的碎石。排水系统应长期检视并清理。所有的渗漏问题应立即修复。

2）为了使得水流能够顺畅流入雨水罐，应检视初雨分流器以防止堵塞和碎渣聚积。按需进行清理工作。

3）应检查雨水罐的结构稳定性以及安全性。

（2）维护标准与流程

表 4.2-5 为雨水罐组成部分的建议维护频率、标准与流程。

雨水罐维护标准与流程 表 4.2-5

组成	建议频率		需要维护的情况 （标准）	需采取的措施 （流程）
	检查	常规维护		
初雨分流器	Q		初雨分流器存在垃圾或因堵塞引起功能失效	• 清理初雨分流器
排水沟和屋顶	B，S		排水口出现碎渣	• 清理排水和屋顶聚积的碎渣并检查渗漏
清理聚积的碎渣	M		入水口出现碎渣	• 清理截污栅，使得水流可以顺畅流入储水箱
结构	B，S		雨水罐歪斜或土壤坍塌/腐蚀	• 检查雨水罐的稳定性，如有必要，检查基座
	A，S		渗漏出现	• 检查管道，阀门链接，以及回流装置
雨水罐外壁	Q，冬季 M		损坏或破裂	• 修补或替换；北方冬季考虑停用以防冻胀
增加压载物	在重大暴风雨之前		当储水量少于一半	• 加水至一半

注：1. 频率：A=次/年；B=次/半年（一年两次）；Q=次/三个月（一年四次）；M=次/月；S=应在暴雨（24h降雨达 50mm）后开展检查；W=次/周；BM：次/半月；C=应在植物生根阶段（通常为前两年）开展检查；R=雨季至少一次（杂物/阻塞类维护应在早秋落叶树的叶子脱落后进行）。
2. 依据本表检查频率检查设施相应部位，如出现"需进行维护的情形"，则需采取相应措施。如出现常规维护的内容，则应依照常规维护的频次对设施直接进行常规维护。

7. 建设案例

（1）宁夏固原玫瑰苑小区雨水罐项目

玫瑰苑在小区个别地坪较低的住宅楼处沿雨落管位置增设雨水罐，共设置雨水罐 17 个，对屋顶雨水进行收集。雨水罐采用 8mm 加厚 PP 塑料加工，圆柱形高 1.4m，宽 1m，上口中间开 40cm 宽的圆形进水孔，桶的下边加装两个一寸出水口，一个清淤，一个引水，进水孔加装过滤设备，如图 4.2-11 所示。

屋顶雨水的收集目的是浇灌小区绿植，雨水先进入雨水罐进行处理储蓄，使用时可连接软管，用于浇灌绿植和花草。不仅提高了城市雨水资源利用率，也可以减轻管网的排水压力，是缺水地区减少雨水径流和补充供水的一种实用手段。

图 4.2-11 玫瑰苑小区雨水罐

（2）镇江市雨水罐项目[42]

2017 年初，海绵城市建设雨水罐项目在镇江市区实施。首批 400 只雨水罐已走进市区多个小区和学校。后续将继续在海绵城市建设试点示范区内免费安装 1600 只雨水罐。

作为一种规模较小的雨水收集设施，主要由初期雨水弃流装置和雨水收集储存装置两部分组成，占地面积小，结构简单，安装方便。下雨时，初期雨水含有较多的杂质，不利于使用。初期雨水先进入弃流装置存放。弃流装置装满后，较干净的雨水进入雨水罐。

雨水罐储存的雨水可作为冲洗、灌溉、绿化和景观用水等，也可经过自然或人工渗透设施渗入地下，补充地下水资源。

目前镇江市推广安装的雨水罐分 0.2m³ 和 0.5m³ 两种容积，有黄色、蓝色、灰色可供选择。雨水罐在露天环境下使用寿命达 10 年。这种雨水收集"末梢"工程仅仅在落水管上动一点点"小手术"，就可实实在在地提升市民的雨水收集习惯和节约用水意识，让市民在日常生活中真正懂得集水并习惯节水。

4.3　雨水调节设施

4.3.1　调节塘（渗、蓄、净）

1. 概念及结构

调节塘也称干塘，以削减峰值流量功能为主，一般由进水口、调节区、出口设施、护坡及堤岸构成，也可通过合理设计使其具有渗透功能，起到一定的补充地下水和净化雨水的作用。

调节塘的典型结构如图 4.3-1 所示。

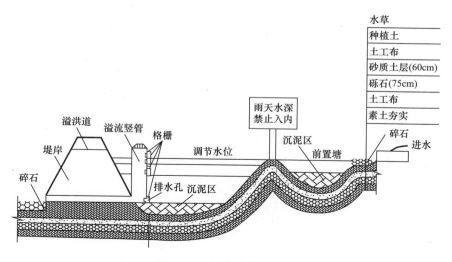

图 4.3-1　调节塘典型结构

2. 适用范围

调节塘适用于建筑与小区、城市绿地等具有一定空间条件的区域。

3. 优缺点

调节塘可有效削减峰值流量，建设及维护费用较低，但其功能较为单一，宜利用下沉式公园及广场等与湿塘、雨水湿地合建，构建多功能调蓄水体。

4. 设计要点

（1）调节塘的调节容量应根据雨水收集量及雨水管道设计重现期等综合考虑。

（2）进水口应设置碎石、消能坎等消能设施，防止水流冲刷和侵蚀。

（3）应设置前置塘对径流雨水进行预处理。

（4）调节区深度一般为 0.6～3m，塘中可以种植水生植物以减小流速、增强雨水净化效果。塘底设计成可渗透时，塘底部渗透面距离季节性最高地下水位或岩石层不应小于1m，距离建筑物基础的水平距离不应小于3m。

（5）调节塘底部应设置沉泥区，沉泥区的设计沉泥高度应不高于排水孔高度，以防止排水孔排水不畅。

（6）调节塘出水设施一般设计成多级出水口形式，以控制调节塘水位，增加水力停留时间，控制外排流量。

（7）调节塘应设置护栏、警示牌等安全防护与警示措施。

5. 实施要点

（1）施工前应对调节塘、挡水堤岸、进水口、出水中的平面位置控制桩及高程控制桩进行复核，确认无误后方可施工。

（2）调节塘排水管的排水方向、高程应与下游市政管道或排水设施相协调。

（3）前置塘位、尺寸、下游侧塘顶高程等应正确设置，以确保对径流雨水进行预处理。

（4）调节塘所采用的水泥、集料、砌块、管材等材料，必须按规定进行检测，合格后方可使用。

（5）进水口、排水口的碎石、消能坎等消能设施，应按设计要求施工，防止水流冲刷和侵蚀塘底或沟底。

（6）前置塘与调节塘之间的溢流口应符合设计要求，防止初期水流对前置塘与调节塘之间的坝体的冲刷和侵蚀。

（7）挡水堤岸的基础、堤身应密实、不透水，防止发生管涌现象。

（8）排水管与挡水堤之间应密实、不渗水。

（9）溢洪道的高程、断面、坡度等应符合设计要求，确保溢洪道排水能力，防止出现漫堤现象。

6. 运营维护

（1）维护要点

1）进水口、溢流口堵塞或淤积导致过水不畅时，应及时清理垃圾与沉积物。

2）前置塘内沉积物淤积超过 50% 时，应及时进行清淤。

3）护坡出现坍塌时应及时加固。

4）应及时收割、补种修剪植物，清除杂草，定期清理水面漂浮物和落叶。

5）应根据暴雨、洪水、干旱、结冰等各种情况，进行水位调节，不得出现进水端壅水现象和出水端淹没现象。

6）应定期检查调节塘的进水口和出水口是否通畅，确保排空时间达到设计要求，且每场雨前应保证放空。

（2）维护标准与流程

调节塘各组成部分的建议维护频率、标准与流程参考表 4.2-1。

（3）设备与材料

维护调节塘建议的常用设备与材料参考表 4.2-2。

7. 建设案例——重庆悦来新城会展公园调节塘[43]

重庆悦来新城占地 18.67km²，是国家首批 16 个"海绵城市"试点之一，坐拥山地、森林、水域等丰富的原生态资源，其间规划设计了会展公园等诸多特色休闲娱乐公园。悦来海绵城市利用透水混凝土、下沉式雨水花园、调节塘等控制大面积铺装产生的初期径流污染。将地势高、源头净化后的雨水收集，通过植草沟、生物滞留带及雨水管网收集转输雨水，最后进入湿地、调节塘等，生态处理达标后，回用于地势低区域的绿化、道路浇洒、洗车、湿地景观带等，如图 4.3-2 所示。

图 4.3-2　重庆悦来新城会展公园调节塘

图片来源：http://news.163.com/17/0630/15/CO6I0T03000187VG.html

4.3.2　调节池（渗、蓄、净）

1. 概念及结构

调节池为调节设施的一种，主要用于削减雨水管渠峰值流量，设置形式一般常用溢流堰式或底部流槽式。调节池的典型结构如图 4.3-3 所示。

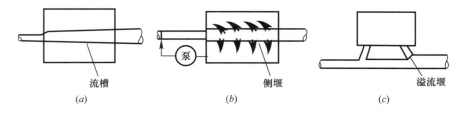

图 4.3-3　调节池典型结构

（a）流槽式溢流池；（b）侧堰式溢流池；（c）溢流堰式溢流池

按照布置位置分，常见的调节池一般有以下三类：

（1）地下封闭式调节池

目前地下调节池一般采用钢筋混凝土或砖石结构，节省占地，相对安全。

（2）地上封闭式调节池

地上封闭式调节池一般用于单体建筑屋面雨水集蓄利用系统中，常用玻璃钢、金属或塑料制作。

（3）地上开敞式调节池

地上开敞式调节池属于一种地表水体，一般地表敞开式调节池体应结合景观设计以及现场条件进行综合设计。设计时往往要将建筑、园林、水景、雨水的调节利用等以独到的审美意识和技艺手法有机地结合在一起，达到完美的效果。

2. 适用范围

调节池适用于城市雨水管渠系统中，用以削减管渠峰值流量。调节池的位置一般设置在雨水干管（渠）或有大流量交汇处，或靠近用水量较大的地方，尽量使整个系统布局合理，减少管（渠）系的工程量。可以是单体建筑单独设置，也可是建筑群或区域集中设置。设计地表调节池时尽量利用天然洼地或池塘，减少土方，减少对原地貌的破坏，并应与景观设计相结合。

3. 优缺点

调节池可有效削减峰值流量，但其功能单一，宜利用下沉式公园及广场等与湿塘、雨水湿地合建，构建多功能调蓄水体。其中：

地下封闭式调节池节省占地，相对安全，通过重力作用对雨水进行收集，避免阳光的直接照射，可保持较低的水温和良好的水质，藻类不易生长，防止蚊蝇滋生。由于增加了封闭设施，具有防冻、防蒸发功效，可常年蓄水，也可季节性蓄水，适应性强。但施工难度大，费用较高。可以用于地面用地紧张、对水质要求较高的场合。

地上封闭式调节池的优点是安装简便，施工难度小；维护管理方便；但需要占地面空间，水质不易保障。该方式调蓄池一般不具备防冻功效，季节性较强。

地上敞开式调蓄池的调蓄容积一般较大，费用较低，但占地较大，蒸发量也较大。一旦出现渗漏，修复将是非常困难和昂贵的工作，尤其对较大型的调节池。

4. 设计要点

（1）应根据雨水管渠系统所在的地形条件选择合理的调节池形式，当地形坡度较大时，宜采用溢流堰式调节池，当地形平坦时，宜采用底部流槽式调节池。

（2）调节池可采用混凝土水池、塑料模块组合水池，宜采用埋地式处置。

（3）调节池排水管的排水方向、高程应与下游市政管道或排水设施相协调。

（4）调节池应设置便于检查和清淤的检查井。

5. 实施要点

（1）调节池底板位于地下水位以下时，应进行抗冻抗浮稳定验算，当不能满足要求时，需采取抗冻抗浮措施。

（2）调节池所采用的钢筋、水泥、集料、砌块、管材等材料，必须按规定进行检测，合格后方可使用。

（3）基坑开挖时，底部200mm采用人工开挖，不得超挖，不得扰动基底，基坑内应做好排水设施。

（4）预埋管（件）应按设计要求设置，平面位置、高程准确。穿墙处应做好防水设施，不应渗水。

（5）浇筑池壁混凝土时，应分层交圈、连续浇筑。池壁的施工缝设置应符合设计要求；在其强度不小于2.5MPa时，方可进行凿毛处理。

（6）混凝土浇筑完成后，应按施工方案及时采取有效的养护措施，浇水养护时间不少于14d。

（7）地下封闭式调节池覆土厚度应符合设计，地上敞口式调节池应按设计要求做好防护措施。

（8）调节池施工、验收完成后，应及时进行基坑回填，回填质量应符合设计要求。

6. 运营维护

（1）维护要点

1）进水口、溢流口堵塞或淤积导致过水不畅时，应及时清理垃圾与沉积物。

2）沉淀池沉积物淤积超过设计清淤高度时，应进行清淤。

3）应定期检查泵、阀门等相关设备，保证其能正常工作。

4）防误接、误用、误饮等警示标识、护栏等安全防护设施及预警系统损坏或缺失时，应及时进行修复和完善。

（2）维护标准与流程

调节池各组成部分的建议维护频率、标准与流程参考表 4.2-3。

（3）设备与材料

维护调节池建议的常用设备与材料参考表 4.2-4。

7. 建设案例——日本首都圈外围排水系统[44]

在日本埼玉县春日部市国道 16 号沿线的地下约 50m 处，有一座运用日本先进土木技术建造的排水"宫殿"——"首都圈外围排水系统"。该排水系统由内径 10m 左右的下水道将 5 条深约 70m、内径约 30m 的大型竖井连接起来，前 4 个竖井里导入的洪水通过下水道流入最后一个竖井，集中到由 59 根高 18m、重 500t 的大柱子撑起的长 177m、宽 78m 的巨大蓄水池，最后通过 4 台大功率的抽水泵，排入日本一级大河流江户川，最终汇入东京湾，全长 6.3km，如图 4.3-4 所示。

图 4.3-4　日本"首都圈外围排水系统"中调节池

由于地势低洼，加上城市化进程的推进，春日部市等地区经常受到台风、洪水困扰，为解决内涝严重的问题，从 1992 年至 2006 年建成了这一大型地下排水系统。建成后的当年，该流域遭水浸的房屋数量由最严重年份的 41544 家减至 245 家，浸水面积由 27840ha 减至 65ha，对日本埼玉县、东京都东部首都圈的防洪泄洪起到了极大的作用。来自周边中小河流的洪水在这里汇聚，水势被调整平稳后排出。日本"首都圈外围排水路"系统是世界上最大、也是最先进的下水道排水系统。

4.4 雨水转输设施

4.4.1 渗管、渗渠（渗、排）

1. 概念及结构

渗管/渠是指具有渗透和排放两种功能的雨水管/渠，可采用穿孔塑料管、无砂混凝土管/渠和砾（碎）石等材料组合而成。渗管/渠的典型结构如图 4.4-1 所示。

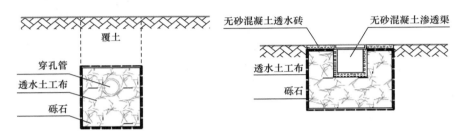

图 4.4-1 渗管/渠典型结构

2. 适用范围

渗管/渠适用于建筑与小区及公共绿地内转输流量较小且用地紧张的区域，在表层土渗透性很差而下层有透水性良好的土层、旧排水管系的改造利用、雨水水质较好、狭窄地带等条件下较适用。不适用于地下水位较高、径流污染严重及易出现结构塌陷等不宜进行雨水渗透的区域（如雨水管渠位于机动车道下等）。

3. 优缺点

雨水渗透管/渠的主要优点是占地面积少，便于在城区及生活小区设置，它可以与雨水管系、渗透塘、渗井等综合使用，也可以单独使用。缺点是建设费用较高，一旦发生堵塞或渗透能力下降，地下式管沟很难清洗恢复。而且由于不能充分利用表层土壤的净化功能，对雨水水质有要求，应采取适当预处理措施，避免雨水夹带悬浮固体。

4. 设计要点

（1）渗管/渠应设置植草沟、沉淀（砂）池等预处理设施。

（2）渗管宜与渗井配合使用，渗管/渠宜采用穿孔塑料管、无砂混凝土管等透水材料。

（3）渗管的管径不宜小于 150mm，塑料管的开孔率不宜小于 15%，无砂混凝土管的孔隙率不宜小于 20%。

（4）渗渠宜采用 PE 材质或混凝土预制成品渗透式排水沟，开孔率不宜低于 15%，深度和宽度宜为 300～500mm。

（5）渗管/渠周边宜填充孔隙率为 35%～45% 的砾石或其他多孔材料，并采用厚度不小于 1.2mm、单位面积质量不小于 200g/m² 的透水土工布与压实度 92% 左右的回填土隔离。

（6）渗管/渠的敷设坡度应满足排水的要求。

（7）渗管/渠设在行车路面下时覆土深度不应小于 700mm。

5. 实施要点

（1）沟槽的开挖、支护方式应根据施工地质条件、施工方法、周围环境等要求进行技术经济比较，确保施工安全和环境保护。

（2）浅沟渗渠组合应采取渗透浅沟及渗透性暗渠、明渠相结合的方式进行雨水入渗，通常要求在浅沟和渗渠连接处采用截污设施以拦截雨水中的污染物，防止渗渠发生堵塞。

（3）沟槽底部不得超挖，靠近沟槽底部 200mm 采用人工开挖。开挖完成后槽底不得扰动。

（4）沟槽边坡或支护方式的施工应符合设计要求。沟槽顶堆土距沟槽边缘不小于 0.8m，且堆土高度不大于设计堆置高度 1.5m。

（5）渗管在滤料中的埋设位置应符合设计要求。

（6）渗管/渠的接头应可靠，滤料不渗漏。

（7）渗管/渠的砾（碎）石滤料应回填密实，断面尺寸符合设计要求。

（8）透水土工布应全断面包裹滤料及渗管，且不得出现破损现象，搭接宽度不宜小于 200mm。

（9）渗管/渠的覆土深度应符合设计要求。

6. 运营维护

（1）维护要点

1）进水口出现冲刷造成水土流失时，应设置碎石缓冲或采取其他防冲刷措施。

2）设施内因沉积物淤积导致过流能力不足时，应及时清理沉积物。

3）当渗透能力出现明显下降时，应及时查明原因并进行修复。

（2）维护标准与流程

渗管/渠的建议维护频率、标准与流程参考表 4.1-8。

（3）设备与材料

维护渗管/渠建议的常用设备与材料参考表 4.1-9。

7. 建设案例

（1）汉诺威康斯伯格生态社区渗渠应用[45]

汉诺威康斯伯格城区位于汉诺威市东南，2000 年德国世界博览会在汉诺威召开，汉诺威康斯伯格城区规划项目作为世博会生态设计展览部分开始启动，规划总面积 150ha。该项目提出了"近自然的水管理"概念和方法，是通过一些接近自然的排水方式尽可能地将雨水就地滞留并下渗，最大可能地减少流失量，让城区的雨水外排量和地下水保持在未开发前的状态。

在这个系统中，雨水流入沿路设置的雨水渗渠，滞留在沟中并慢慢透过沟底的滤水层净化后下渗，当遇到暴雨时溢出的雨水再通过管道运输到较大的雨水滞留区域中，保持在那里慢慢渗透和蒸发，如图 4.4-2 所示。

图 4.4-2 停车场和屋顶雨水汇入雨水渗渠

4.4.2 植草沟（渗、排）

1. 概念及结构

植草沟指种有植被的地表沟渠，可收集、输送和排放径流雨水，并具有一定的雨水净化作用，可用于衔接其他单项设施、城市雨水管渠系统和超标雨水径流排放系统。植草沟的典型结构如图 4.4-3 所示。

图 4.4-3　植草沟典型结构

除转输型植草沟外，还包括渗透型的干式植草沟及常有水的湿式植草沟，可分别提高径流总量和径流污染控制效果。

转输型植草沟是指开阔的浅植物型沟渠，它将集水区中的径流引导和传输到其他雨洪处理措施中。

干式植草沟是指开阔的、覆盖着植被的水流输送渠道，它在设计中包括了由人工改造土壤所组成的过滤层，以及过滤层底部铺设的地下排水系统，设计强化了雨水的传输、过滤、渗透和持留能力，从而保证雨水在水力停留时间内从沟渠排干。

湿式植草沟与转输型植草沟系统类似，但设计为沟渠型的湿地处理系统，该系统长期保持潮湿状态。

2. 适用范围

植草沟适用于建筑与小区内道路、广场、停车场等不透水面的周边，城市道路及城市绿地等区域，也可作为生物滞留设施、湿塘等海绵设施的预处理设施。植草沟也可与雨水管渠联合应用，场地竖向允许且不影响安全的情况下也可代替雨水管渠。其中：

转输型植草沟一般应用于高速公路的排水系统，在径流量小及人口密度较低的居住区、工业区或商业区，可以代替路边的排水沟或雨水管道系统。

干式植草沟最适用于居住区，通过定期割草，可有效保持植草沟干燥。

湿式植草沟一般用于高速公路的排水系统，也用于过滤来自小型停车场或屋顶的雨水径流，由于其土壤层在较长时间内保持潮湿状态，可能产生异味及蚊蝇等卫生问题，因此不适用于居住区。

3. 优缺点

植草沟具有建设及维护费用低，易与景观结合的优点，但已建城区及开发强度较大的新建城区等区域易受场地条件制约。

4. 设计要点

（1）植草沟断面形式宜采用倒抛物线形、三角形或梯形。

（2）植草沟顶宽不宜大于 1500mm，深度宜为 50～250mm，最大边坡宜为 3：1，纵向坡度不应大于 4%，沟长不宜小于 30m。纵坡较大时宜设置为阶梯形植草沟或在中途设置消能台坎。

（3）植草沟最大流速应小于 0.8m/s，曼宁系数宜为 0.2～0.3。

（4）植草沟宜种植密集的草种，不宜种植乔木及灌木植物，植被高度宜控制在 100～200mm。

（5）植草沟最深部位区域冲刷和侵蚀较大，宜采用卵石、散石等铺设。

（6）植草沟砾石孔隙率宜为 35%～45%，有效粒径宜大于 80%。

5. 实施要点

（1）植草沟应按设计形式施工，表面平整、密实。

（2）沟底不得超挖，不得虚土贴底、贴坡。

（3）植草沟的进、出水口应与周边排水设施平顺衔接。当进、出水口坡度较大时，应设置碎石、卵石或其他消能缓冲设施。

（4）植草沟内土壤不得裸露。

6. 运营维护

（1）维护要点

植草沟维护的目标主要是保持对径流的有效运输能力，对径流的控制和对污染物去除的效率。要达到以上目的，最重要的维护工作是对地表部分的植被以及土壤的维护。维护工作包括替换或重新分配覆盖层，割草及杂草控制，在干旱时期灌溉，重新播种或铺草皮，以及清理堆积的碎渣和堵塞物。在植被生长期需制定规律的维护计划，聚积的沉积物也需要手动清理以防止集中流产生。灌溉能够提高植被的存活率，尤其是在刚栽种的时期以及长期干燥的时期，灌溉的频率需依季节和植物种类不同而定。

维护关键点与生物滞留设施类似，主要包含以下几点：

1）侵蚀控制

在雨季定期检查水流、蓄水区域和地表溢流。如果发生侵蚀，则更换土壤、植被或覆盖层，如图 4.4-4 所示。除了极端降雨事件，流速设计合适的设施不应发生侵蚀。如果发生侵蚀需注意以下几点：

图 4.4-4　由于过量径流导致植草沟侵蚀

a. 设施内部的水流速度及坡度。

b. 在预处理区域或水流入口处注意水流消能或采取侵蚀保护措施。暴露的土壤需用植被、石头或其他防侵蚀物质进行加固。

2）入口

在当季第一场降雨后需检视植草沟的入口，雨期应经常检查入口是否存在沉积物累积和侵蚀。沉积物非常容易累积，尤其是在使用道牙开口处或一些排水的结构时应进行定期常规的检查。任何阻碍水流进入植草沟的沉积物都应被去除。

3）溢流及地下排水管

溢流区域或地下排水管系统存在沉积物累积的话将会延长排水时间并产生病菌。溢流及地下管道系统区域应当在当季第一场降雨后检视，之后在雨季每月清理沉淀物以防止在覆盖层物质堆积。

4）植被

依据景观要求替换所有的死亡植物。如果有必要，可用成活率高的植物替代成活率底的植物。在植被完全成活前周期性的除杂草是非常必要的。当完全成活并且杂草已经被稳定去除后，可以减少除草的频率。

5）覆盖层或护根层

有重金属沉降区域的覆盖层应每年更换 1 次，其他地方的覆盖层宜每 2～5 年更换一次。

6）土壤

植草沟的混合土壤被设计用于维持长时间的肥料养分以及污染物处理能力。金属稀释试验表明植草沟至少 20 年不应有金属的富集。

（2）维护标准与流程

表 4.4-1 为植草沟各部分的建议维护频率、标准和程序。如排水区域沉积物负荷较重，则需要增加常规维护和修复性维护的频率。

（3）设备及材料

表 4.4-2 为维护植草沟建议常用设备与材料。其中部分设备材料用于常规维护工作，其他设备材料用于专业维护。

植草沟维护标准与流程
表 4.4-1

组成	建议频率		需要维护的情况 （标准）	需采取的措施 （流程）
	检查	常规维护		
基础结构				
边坡	Q，S		边坡出现坍塌	• 修复边坡坍塌损毁部分，恢复至设计坡度并做稳定处理
	Q，S		边坡植被出现侵蚀，有大面积裸露土壤	• 补种边坡植物
断面形状	A，S		出现泥沙和碎渣堆积导致断面形状和设计深度改变	• 清除垃圾及淤泥，恢复设计深度，保持断面形状
消能台坎	A，S		台坎被冲开	• 恢复台坎设置

续表

组成	建议频率		需要维护的情况 （标准）	需采取的措施 （流程）
	检查	常规维护		
覆盖层				
有机覆盖物	清除杂草后		出现裸露点	• 用手动工具补充覆盖物 • 有重金属沉降的区域，有机覆盖物应每年更换一次 • 普通区域覆盖层应每 2～5 年更换一次 • 保证所有的覆盖物远离木本植物茎
入水口/出水口/管道/溢流口				
管道	Q，S		垃圾、杂物或者沉积物堆积堵塞管道或渗透管的孔隙	• 移除或处理
	A，S		开裂、坍塌、破损，或排水盲管不对齐	• 修理或密封裂口 • 无法修复时更换管道
溢流口	M，S，当季第一场降雨后检查一次		溢流口堵塞，沉积或杂物造成过流能力下降	• 清除沉积物或处理杂物
入水口	B，S		存在侵蚀或过量的垃圾或碎渣聚积	• 检视沉积物聚积情况并清理沉积物，确认流入植草沟的水流保持设计状态
出水口	B，S		有碎渣或沉积物	• 清除碎渣以及沉积物
集水区				
集水区	B，S		在植草沟的表面有过多的沉积物、垃圾或碎渣堆积	• 彻底清理所有垃圾、沉积物及其他碎渣
土壤	B，S		土壤板结或过度压实影响使得渗透速率不达标或积水超过 24h	• 清除板结土壤、疏松土壤并补充至设计厚度 • 严重的情况可考虑更换土壤
	B，S		土壤受到污染	• 评估污染原因并清除 • 更换土壤
植被				
植被	春季和秋季 W，夏季和冬季 BM		植被根系萌发后两年内成活率不达标准	• 确定植物生长不良的原因，矫正不良因素。必要时，重新进行栽种，使成活率达到标准
	视植被种类而定		出现感病植被	• 清除感病植物或植物感病部分，并移送到规定场所进行处理，避免病害传染给其他植株 • 修剪后对园艺工具进行消毒，防止病害传染
植被越界生长	Q		低矮植被的生长超出设施边缘，蔓延到道路边缘，对行人构成安全隐患；出现落叶、腐叶和土壤堵塞邻近的透水路面的情况	• 修边或修剪位于设施边缘的地被植物与灌木 • 某些剪下来的碎叶可以留在植草沟内用于补充土壤中的有机质
	视植被种类而定		植被密度太高，雨水径流无法按照设计流入设施并形成积水	• 进行修剪，保证植物的合适密度与美观 • 确定是否应该更换栽种的植被类型，避免后续的维护问题

续表

组成	建议频率		需要维护的情况 （标准）	需采取的措施 （流程）
	检查	常规维护		
植被				
植被越界生长	视植被种类而定		植被堵塞路缘石，造成过量沉积物堆积和径流改道	• 清理堆积的植被和沉积物
灌溉（树木、灌木和地被植物栽种后第1年生根期）		旱季 W/BM		• 地被植物 100L/m² • 深浇水，保证根部上方 15～30cm 湿润 • 如果可行，应有节奏地来回浇水以加强土壤吸收 • 为降低表面张力，预先浇灌干性或疏水性土壤或覆盖物，之后多次重复。使用这种方法，每浇灌一个来回都能提高土壤吸收，让更多的水渗入土壤，减少流失
浇水（树木、灌木和地被植物第2年或第3年生根期）		旱季 BM/M		• 地被植物 100L/m² • 深浇水，保证根部上方 15～30cm 湿润 • 如果可行，应有节奏地来回浇水以加强土壤吸收 • 为降低表面张力，预先湿润干性或疏水性土壤/覆盖物，之后多次重复。使用这种方法，每浇灌一个来回都能提高土壤吸收，让更多的水渗入土壤，减少流失
杂草	栽种2年内 M，之后 Q		出现杂草	• 连根拔除杂草 • 杂草立即移除、装袋或彻底处理 • 禁止使用除草剂
灌溉系统				
灌溉系统		按照供应商的规定		• 按照制造商的规定进行运营和维护
害虫				
蚊虫	B，S		雨后积水存 48h 以上产生蚊虫等害虫	• 确定积水出现的原因，采取适当解决措施 • 为维护便利，可手动清除积水，如果径流来自不产生污染的表面，则可排入雨水下水系统，不要使用杀虫剂
有害生物	每次与植被管理相关的现场巡检		害虫出没迹象，例如树叶枯萎、树叶和树皮被啃、虫斑或其他症状	• 清除病株和死株，减少害虫藏匿场所 • 经常清除动物粪便

注：1. 频率：A＝次/年；B＝次/半年（一年两次）；Q＝次/三个月（一年四次）；M＝次/月；S＝应在暴雨（24h 降雨达 50mm）后开展检查；W＝次/周；BM＝次/半月；C＝应在植物生根阶段（通常为前两年）开展检查；R＝雨季至少一次（杂物/阻塞类维护应在早秋落叶树的叶子脱落后进行）。

2. 依据本表检查频率检查设施相应部位，如出现"需进行维护的情形"，则需采取相应措施。如出现常规维护的内容，则应依照常规维护的频次对设施直接进行常规维护。

植草沟维护设备与材料清单　　　　　　　　　　　　　　表 4.4-2

园艺设备	园艺材料*
□ 手套 □ 除草工具 □ 修枝剪 □ 粗枝剪 □ 地桩与拉索 □ 割草机 □ 锄 □ 耙 □ 手推车 □ 铲 □ 推式路帚 □ 磨刀器 □ 油布/桶（用于清理落叶或杂物） □ 垃圾袋（用于处理垃圾或杂草） □ 树皮和有机覆盖物风机 □ 维护时工作人员站立的站板，（防止压实土壤）	□ 植物 □ 地桩与绳结
	侵蚀防控材料*
	□ 石垫用石块与卵石 □ 防侵蚀垫
	有机覆盖物
	□树艺木屑有机覆盖物 □粗堆肥有机覆盖物 □ 石块有机覆盖物
	管道/结构检查和维护设备
	□破土工具 □ 手电筒 □ 窥镜（无需进入结构内部便可观察管道状况） □ 管道疏通器 □卷尺或直尺
浇灌设备	**专业设备***
□ 软管 □ 喷洒器 □树用浇水袋 □ 桶 □洒水车	□ 微型挖掘机 □ 卡车 □ 手动播种机 □ 燃烧除草器或热水除草器 □ 渗滤测试设备

注：* 为非常规维护必需品。

7. 建设案例

（1）固原玫瑰苑小区的植草沟应用

玫瑰苑小区内绿地与道路交界处及雨水花园周边设置植草沟，将路面径流经开口道牙引至植草沟内，如图 4.4-5 所示。植草沟通过植被截流和土壤过滤处理雨水径流，可提高径流总量和径流污染控制效果。考虑该小区为特殊地质湿陷性黄土地区，植草沟设土工布防渗，土工布单位面积质量$\geqslant 200g/m^2$。土工布上下均使用 50mm 厚粗砂包裹，本工程植草沟蓄水深度均为 20cm，植草沟内均设置 De75 PE 盲管。

（2）西安市浐河景观节点中的植草沟应用[46]

西安市浐河景观节点中的植草沟主要是出于视觉形象的考虑。传统的排水沟渠使用石材、水泥或者其他人工材质，固然能顺利解决排水问题，但对于景观是一个不利因素，代之以植草沟，并将其布置在景观节点的边界，就起到了柔化边界的作用，且植草沟的净化作用对于浐河河水及生态环境的改善起到了很好的作用。

基于此，设计的场地位于河道两岸，紧邻公路。为了营造出隔绝于道路的小环境，采用了广场下沉的方式。广场中挡墙和铺装都大量用到了石材，塑造明显空间感的同时也带来了冷和硬的感觉，所以在广场的边界和挡墙交接的地带，处理成植草沟，不仅能排水，当草长出时，场地边界中的一线绿色，自然而然地形成了一个柔和的空间界限，有效地强调了空间边界，又使得场地更加的人性化，减轻了冷和硬的感觉，让人对该空间产生亲切感，如图 4.4-6 所示。

图 4.4-5　玫瑰苑小区植草沟

图 4.4-6　浐河景观节点场地中的植草沟[46]

（3）石家庄滹沱河滨水生态公园植草沟[47]

滹沱河滨水生态公园是石家庄市海绵城市建设的试点之一。位于滹沱河南岸，新城大街东西两侧的滨水生态公园，是石家庄整治渣土山的重点绿化工程。经过地形整理、覆盖好土以及植被种植，山体上有很多浅浅的、约 5m 宽的植草沟，纵横交错，直通山顶。植草沟的分布是参照叶脉的形状，纵向植草沟和横向植草沟共有 75 条，如图 4.4-7 所示。植草沟科学合理的布局减缓了水的流速、改变了水流方向、增加了下渗量，并将雨水引流到渗水塘。据统计，植草沟的汇水及排水量达到了总降水的 1/2～2/3，可以经受住强降雨的冲击。

图 4.4-7　滹沱河滨水公园植草沟

图片来源：http://sjz. hebnews. cn/2016-11/25/content_6096052. htm

4.5　截污净化设施

4.5.1　植被缓冲带（净）

1. 概念及结构

植被缓冲带既是一种雨水截污措施，也是一种自然净化措施。当径流通过植被时，污染物通过过滤、渗透、吸收及生物降解的联合作用被去除，植被同时也降低了雨水流速，使颗粒物得到沉淀，达到雨水径流水质控制的目的。植被缓冲带坡度一般为 2%～6%，宽度不宜小于 2m。植被缓冲带典型构造如图 4.5-1 所示。

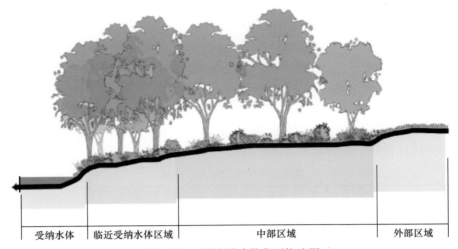

| 受纳水体 | 临近受纳水体区域 | 中部区域 | 外部区域 |

图 4.5-1　植被缓冲带典型构造图

2. 适用范围

植被缓冲带适用于道路等不透水面周边，可作为生物滞留设施等海绵设施的预处理设施，也可作为城市水系的滨水绿化带，但坡度较大（大于 6%）时其雨水净化效果较差。

3. 优缺点

植被缓冲带为坡度较缓的植被区，经植被拦截及土壤下渗作用减缓地表径流流速，并去除径流中的部分污染物，主要具有以下优势：

（1）可以有效地减少悬浮固体颗粒和有机污染物，对 Pb、Zn、Cu、Al 等部分金属离子和油类物质也有一定的去除能力。

（2）植被能减小雨水流速，保护土壤在大暴雨时不被冲刷，减少水土流失。

（3）可作为雨水后续处理的预处理措施，可以与其他雨水径流污染控制措施联合使用。

（4）建造费用较低，自然美观。

（5）具有雨水径流的汇集排放与净化相结合的功能，并具有绿化景观功能。

但植被缓冲带对场地空间大小、坡度等条件要求较高，且径流控制效果有限。

4. 设计要点

（1）植被缓冲带的坡度宜为 2%～6%，宽度不宜小于 2m。

（2）汇水面自身坡度小于 6% 时，宜采用碎石消能渠整流消能，防止冲刷植被层。汇水面坡度超范围时，应另行设计可靠的消能措施。

（3）碎石消能渠内填满碎石，粒径宜为 3～4mm，压实度宜大于 85%。

（4）当植被缓冲带碎石消能渠与净化区间距超过 40m 时，可另行配置渗管。

（5）植被缓冲带的植被应优先选择耐冲刷、耐水湿、抗污染、耐旱的植被，宜以草本植物为主，乔木和灌木为辅。

5. 实施要点

（1）植被缓冲带断面形式、土质、植被材料应符合设计要求。

（2）消能沟槽、渗排水管、净化区、进出水口等应严格按照设计布置施工。

（3）排水管应与周边的排水设施平顺衔接。

6. 运营维护

（1）维护要点

1）检视植被缓冲带植被的受侵蚀和破坏的情况，最好在雨季的开始前和结束后。如果径流较大应增加检视的频次。应检视植被缓冲带的沉积物以及垃圾碎渣等的累积情况。

2）应维护边坡以防止侵蚀。当检视出现土壤裸露时，应稳固边坡并种植适宜的植物。

3）植被应健康并且足够密集以保护下层土壤不被侵蚀。

（2）维护标准与流程

表 4.5-1 为植被缓冲带各部分的建议维护频率、标准和程序。如排水区域沉积物负荷较重，则需要增加常规维护和修复性维护的频率。

植被缓冲带维护标准与流程　　　　　　　　　　　　　　　　表 4.5-1

组成	建议频率		需要维护的情况（标准）	需采取的措施（流程）
	检查	常规维护		
缓冲带主要功能区域				
缓冲带坡度	A，S		植被缓冲带出现坍塌或坡度不达设计要求	• 修复坍塌损毁部分，恢复至设计坡度并做稳定处理
	A，S		植被出现侵蚀，有大面积裸露土壤	• 补种坡上植物
缓冲带表面	M，S		在缓冲带主要缓冲区的表面，有过多的沉积物、垃圾或碎渣堆积	• 彻底清理所有垃圾、沉积物或其他碎渣

续表

组成	建议频率		需要维护的情况 （标准）	需采取的措施 （流程）
	检查	常规维护		
植被				
植被	视植被种类而定		出现感病植被	• 清除感病植物或植物感病部分，并移送到规定场所进行处理、避免病害传染给其他植株 • 修剪后对园艺工具进行消毒，防止病害传染
杂草	栽种 2 年内 M，之后 Q		出现杂草	• 连根拔除杂草 • 杂草立即移除、装袋或彻底处理 • 禁止使用除草剂
灌溉（树木、灌木和地被植物栽种后第 1 年生根期）	旱季 W/BM			• 地被植物 100L/m² • 深浇水，保证根部上方 15～30cm 湿润 • 如果可行，应有节奏地来回浇水以加强土壤吸收 • 为降低表面张力，预先浇灌干性或疏水性土壤或覆盖物，之后多次重复。使用这种方法，每浇灌一个来回都能提高土壤吸收，让更多的水渗入土壤，减少流失
灌溉（树木、灌木和地被植物第 2 年或第 3 年生根期）	旱季 BM/M			• 地被植物 100L/m² • 深浇水，保证根部上方 15～30cm 湿润 • 如果可行，应有节奏地来回浇水以加强土壤吸收 • 为降低表面张力，预先湿润干性或疏水性土壤/覆盖物，之后多次重复。使用这种方法，每浇灌一个来回都能提高土壤吸收，让更多的水渗入土壤，减少流失
灌溉				
灌溉系统		按照供应商的规定		• 按照供应商的规定进行运营和维护
有害生物及外来物种				
有害生物	每次与植被管理相关的现场巡检		害虫出没迹象，例如树叶枯萎、树叶和树皮被啃、虫斑或其他症状	• 清除病株和死株，减少害虫藏匿场所 • 清除动物粪便

注：1. 频率：A=次/年；B=次/半年（一年两次）；Q=次/三个月（一年四次）；M=次/月；S=应在暴雨（24h 降雨达 50mm）后开展检查；W=次/周；BM：次/半月；C=应在植物生根阶段（通常为前两年）开展检查；R=雨季至少一次（杂物/阻塞类维护应在早秋落叶树的叶子脱落后进行）。

2. 依据本表检查频率检查设施相应部位，如出现"需进行维护的情形"，则需采取相应措施。如出现常规维护的内容，则应依照常规维护的频次对设施直接进行常规维护。

（3）设备与材料

表 4.5-2 为维护植被缓冲带建议常用设备与材料。其中部分设备材料用于常规维护工作，其他设备材料用于专业维护。

植被缓冲带维护设备与材料清单   表 4.5-2

园林设备	浇灌设备		
☐ 手套 ☐ 除草工具 ☐ 挖土刀 ☐ 修枝剪 ☐ 粗枝剪 ☐ 地桩和拉索 ☐ 手动修边机 ☐ 旋耕机 ☐ 锄头 ☐ 耙 ☐ 手推车 ☐ 铲 ☐ 推式路帚 ☐ 手夯锤 ☐ 磨刀器 ☐ 油布/桶（用于清理落叶或杂物） ☐ 垃圾袋（用于处理垃圾或有害杂草）	☐ 管式或花洒式浇水杆 ☐ 喷洒器 ☐ 树用浇水袋 ☐ 桶		
	有机覆盖物		
	☐ 树艺木屑有机覆盖物 ☐ 粗堆肥有机覆盖物 ☐ 石块有机覆盖物		
	园艺材料*		
	☐ 植物		
	侵蚀防控材料*		
	☐ 石垫用岩石或卵石 ☐ 防侵蚀垫		
	土壤*		
	☐ 堆肥（用于土壤改良） ☐ 混合土壤		

注:* 为非常规维护必需品。

7. 建设案例——铜川市植物园植被缓冲带应用[48]

铜川市植物园位于铜川市新区长丰北路与咸丰路交汇处，总建设面积 9.98 万 m²，在设计和建设中充分考虑铜川地处渭北旱塬严重缺水的现状，注入了"海绵城市"理念。为最大限度地利用自然降水资源，园内建有透水铺装、雨水花园、下沉式绿地等海绵设施，由南向北游园，"海绵体"随处可见。植物园水土保持区采用坡度较缓的植被区，通过拦截及土壤下渗减缓地表径流流速，去除部分污染物，如图 4.5-2 所示。

图 4.5-2 铜川市植物园植被缓冲带

图片来源：http://zjj.tongchuan.gov.cn/show.action?c=9&n=12276

4.5.2 雨水弃流设施（净）

1. 概念及结构

初期雨水弃流指通过一定方法或装置将存在初期冲刷效应、污染物浓度较高的降雨初期径流予以弃除，以降低雨水的后续处理难度。弃流雨水应进行处理，如排入市政污水管网（或雨污合流管网），由污水处理厂进行集中处理等。常见的初期弃流方法包括容积法弃流、小管弃流（水流切换法）等。弃流形式包括自控弃流、渗透弃流、弃流池、雨落管弃流等。

初期雨水弃流设施典型构造如图 4.5-3 所示。

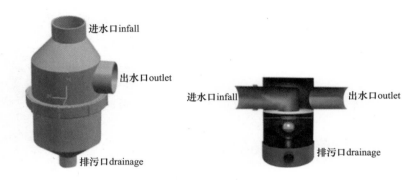

图 4.5-3　初期雨水弃流设施典型构造图

图片来源：雨博士雨水利用设备有限公司

2. 适用范围

在雨水收集利用系统中，雨水弃流的好坏直接关系到一次雨水收集的成效。假如雨水初期弃流做得不好，让杂质流入雨水井、储水箱，不仅会加大过滤器的工作强度，造成过滤器堵塞，而且长时间后杂质沉积在池底，将给后期的清理工作带来非常大的麻烦，甚至导致整个系统瘫痪。故初期雨水弃流设施是其他海绵设施的重要预处理设施，主要适用于屋面雨水的雨落管、径流雨水的集中入口等海绵设施的前端。

3. 优缺点

初期雨水弃流设施占地面积小，建设费用低，可降低雨水储存及雨水净化设施的维护管理费用，但径流污染物弃流量一般不易控制。

4. 设计要点

（1）初期雨水弃流装置应便于清洗和运行管理，宜采用自动控制方式。

（2）地面雨水弃流设施系统可集中设置，也可分散设置。

（3）初期径流弃流宜排入污水管网。当排入污水管网时，应确保污水管径流量和污水不倒灌回弃流装置。

（4）初期径流弃流池应符合下列规定：

1）截流的初期径流雨水宜通过自流排出。

2）应具有不小于 0.1 的底坡，并坡向集水坑。

3）雨水口应设置格栅，格栅的设置应便于清理并不得影响雨水进水口的通水能力。

（5）自动控制弃流装置应符合下列规定：

1）电动阀、计量装置宜设在室外，控制箱宜集中设置，并具有控制和调节弃流间隔时间的功能。

2）应具有自动切换雨水弃流管道和收集管道的功能。

3）流量控制式雨水弃流装置的流量计宜设在管径最小的管道上。

4）雨量控制式雨水弃流装置的雨量计应有可靠的保护措施。

5. 实施要点

（1）施工前应查明地下原有隐蔽工程，在施工中采取切实可行的保护措施，确保现有管线的安全。

（2）凡与现状管或井相接处，必须在施工前实测出现状管底或井底标高、断面尺寸、平面位置。如与图示不符或无法接入，应立即通知设计人员作相应调整。

（3）雨水弃流排入污水管道时，应按设计要求设置确保污水不倒灌回弃流装置内的设施。

6. 运营维护

（1）进水口、出水口堵塞或淤积导致过水不畅时，应及时清理垃圾与沉积物。

（2）沉积物淤积导致弃流容积不满足时应及时进行清淤。

7. 建设案例——浙江金华监狱改扩建雨水收集项目

浙江金华监狱是浙江省解放后设立的首批农场型监狱之一，地处金华市婺城区蒋堂镇。浙江金华监狱改扩建雨水收集项目所收集的雨水经安全分流井分流，前期采用截污、弃流的预处理方法，雨水储存至模块蓄水池，后期由雨水地埋一体机过滤消毒工艺，储存玻璃钢清水池，由变频回用系统水泵供绿化浇洒等使用，如图 4.5-4 所示。

图 4.5-4　浙江金华监狱改扩建雨水收集项目采用的弃流设施

图片来源：上海集雨实业有限公司

4.5.3　人工土壤渗滤（净）

1. 概念

人工土壤渗滤是指通过植被、土壤渗滤的多种理化反应后，使得出水达到回用水水质指标的雨水设施。人工土壤渗滤设施的典型构造可参照复杂型生物滞留设施。

2. 适用范围

人工土壤渗滤适用于有一定场地空间的建筑与小区及城市绿地。

3. 优缺点

人工土壤渗滤雨水净化效果好，易与景观结合，但建设费用较高。

4. 设计要点

（1）人工土壤渗滤宜种植根系较为发达、耐水湿的植物，以提高渗滤效果。

（2）表层土壤应由较肥沃的耕作土壤组成，表层可用 50～100mm 的树皮、落叶等腐殖质覆盖。

（3）土壤层厚度宜为 300～1800mm，并应采用团粒结构发达、渗透速率高、毛细作用强、吸附容量大、通透性较好的土壤。

（4）当原土不符合上述要求时，应更换符合要求的土壤。

（5）人工土壤渗滤设施的隔离层可采用透水土工布或厚度不小于 100mm 的粗砂或细砂层。

（6）人工土壤渗滤设施底部应设渗管。

（7）当设施底部渗透面距离季节性最高地下水位或岩石层小于 1m 及与建筑物基础水平距离小于 3m 的区域时，或雨水回用量较大的项目，人工土壤渗滤设施底部可采用防渗膜。

5. 实施要点

（1）渗滤体由石英砂、少量矿石和活性炭及营养物质等材料组成，不得含有草根、树叶、塑料袋等有机杂物及垃圾，矿石泥沙含量不得超过 3%，材料配合比应符合设计要求。采用生物填料的原料、材料比重、有效堆积生物膜表面面积、堆积密度应符合设计要求。

（2）施工前，应将基槽上的积水排除、疏干。将树根坑、井穴等进行技术处理，并整平。

（3）渗滤体铺装填料时，应均匀轻撒填料，严禁由高向低把承托料倾倒至下一层承托料之上。

（4）渗滤体应分层填筑，碾压密实，碾压时应保护好渗管、排水管及防渗膜等不受损。

6. 运营维护

（1）应及时补种修剪植物、清除杂草。

（2）土壤渗滤能力不足时，应及时更换填料层。

（3）进水口因冲刷造成水土流失时，应设置碎石缓冲或采取其他防冲措施。

（4）渗水管出现堵塞时，应及时疏通或更换等。

7. 建设案例

（1）北京市清河（党校桥段）水体修复工程生态土壤渗滤系统的应用

北京市清河（党校桥段）水体修复工程所处河段的补充水源主要为肖家河污水处理厂二级出水，易发生水华，曾栽植大片水葫芦，效果欠佳。因此提出了景观型岸边土壤渗滤水处理系统的构建技术，充分利用河两岸绿化带等现有条件，在绿化带内构建不同形式的生态土壤渗滤净化系统。有选择地在河道内栽植水生物以进一步稳定水质、美化河道。通过进出水位置和流量调控实现水力循环。

工程设计处理规模为 600m³/d，总占地面积约为 800m²，其中生态土壤渗滤床面积为 600m²，如图 4.5-5 所示。污水经过土壤渗滤净化系统处理后，有效削减氮磷植物性营养物质、有机污染物和病原性微生物，改善河流溶解氧状态，提高水体的自净能力，避免水华的发生，创建安全、景观环境良好的亲水空间。

图 4.5-5　北京市清河（党校桥段）生态土壤渗滤净化系统

图片来源：北京远浪潮科技有限公司

（2）江西九景高速公路鄱阳服务区新建工程污水生态处理工程

鄱阳中新服务区产生的污水可分为两类，一类为附属设施内的生活污水，另一类为各附属设施内的雨水。其设计总处理能力为 $120m^3/d$，采用北京远浪潮科技有限公司的人工土壤渗滤技术过滤污水，出水排入景观湿地或回用绿化用水，多余的水达标排放，如图 4.5-6、图 4.5-7 所示。

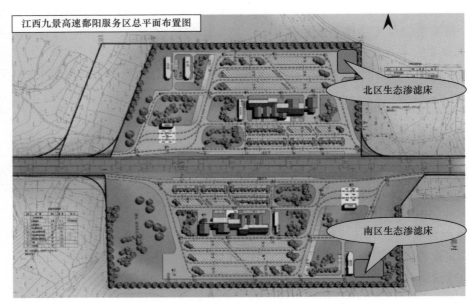

图 4.5-6 江西九景高速公路鄱阳服务区平面布置图

图片来源：北京远浪潮科技有限公司

图 4.5-7 江西九景高速公路鄱阳服务区生态土壤渗滤系统

图片来源：北京远浪潮科技有限公司

4.6 设施比选及优化组合

海绵设施往往具有补充地下水、削减峰值流量、雨水净化及集蓄利用等多个功能，可实现径流总量、径流峰值和径流污染等多个控制目标，因此根据规划控制目标，结合汇水区特征和设施的主要功能，在建设中注重资源节约，保护生态环境，因地制宜，经济适用，并与其他专业密切配合[49]。

海绵设施组合系统中各设施的主要功能应与规划控制目标相对应。缺水地区以雨水资源化利用为主要目标时，可优先选用以雨水集蓄利用为主要功能的雨水储存设施；内涝风险严重的地区以径流峰值控制为主要目标时，可优先选用峰值削减效果较优的雨水储存和调节等设施；水资源较丰富的地区以径流污染控制和径流峰值控制为主要目标时，可优先选用雨水净化和峰值削减功能较优的雨水截污净化、渗透和调节等设施。

在满足控制目标的前提下，宜选用总投资成本较低的海绵设施组合并综合考虑设施的环境效益和社会效益。

参考《海绵城市建设技术指南》，按照主要的技术功能分类，海绵设施比选如表 4.6-1 所示。

海绵设施比选表　　　　　　　　　　　　　　　　表 4.6-1

技术类型（主要功能）	单项设施	功能					控制目标			处置方式		经济性		污染物去除率（以SS计,%）	景观效果
		集蓄利用雨水	补充地下水	削减峰值流量	净化雨水	转输	径流总量	径流峰值	径流污染	分散	相对集中	建造费用	维护费用		
渗透技术	绿色屋顶	○	○	◎	◎	○	●	◎	◎	√	—	高	中	70~80	好
	下沉式绿地	○	●	◎	◎	○	●	◎	◎	√	—	低	低	—	一般
	渗透塘	○	●	◎	◎	○	●	◎	◎	—	√	中	中	70~80	一般
	渗井	○	●	◎	○	○	●	◎	◎	√	—	低	低	—	一般
	透水砖	○	●	○	○	○	◎	◎	○	√	—	低	低	80~90	—
	透水混凝土	○	●	○	○	○	◎	◎	○	√	—	高	中	80~90	—
	透水沥青	○	○	○	○	○	◎	◎	○	√	—	高	中	80~90	—
	简易型生物滞留设施	○	●	◎	○	○	●	◎	◎	√	—	低	低	—	好
	复杂型生物滞留设施	○	●	◎	●	○	●	◎	●	√	—	中	低	70~95	好
储存技术	雨水湿地	●	○	●	●	○	●	●	◎	√	√	高	中	50~80	好
	湿塘	●	○	●	◎	○	●	●	◎	—	√	高	中	50~80	好
	蓄水池	●	○	●	◎	○	●	◎	◎	—	√	高	中	80~90	—
	雨水罐	●	○	○	○	○	●	◎	○	√	—	低	低	89~90	—
调节技术	调节塘	○	○	●	○	○	○	●	○	—	√	高	中	—	一般
	调节池	○	○	●	○	○	○	●	○	—	√	高	中	—	—
转输技术	渗管/渠	○	○	○	○	●	○	◎	○	√	—	中	中	35~70	—
	转输型植草沟	◎	○	○	○	●	○	◎	○	√	—	低	低	35~90	一般
	干式植草沟	○	●	○	○	●	○	◎	◎	√	—	低	低	35~90	好
	湿式植草沟	○	○	○	●	●	○	○	◎	√	—	中	低	—	好
	传统雨水管渠														
截污净化技术	植被缓冲带	○	○	○	●	—	○	○	●	√	—	低	低	50~75	一般
	初期雨水弃流设施	○	○	○	◎	○	○	○	◎	√	—	低	中	40~60	—
	人工土壤渗滤	●	○	○	●	○	○	○	◎	—	√	高	中	75~95	好

●—强

◎—较强

○—弱或很小

第 5 章　海绵城市建设效益分析

海绵城市充分体现了尊重自然、顺应自然、保护自然的生态文明理念，具有良好的建设效益。海绵城市的建设效益主要表现在以下几个方面：

（1）环境效益，包括补充地下水、减少污染、改善生态系统等。

（2）社会效益，包括城市防涝、增加就业等。

（3）经济效益，包括减少建设费用、雨水利用带来的直接收益等。

5.1　环　境　效　益

5.1.1　加强水资源利用，补充地下水

我国城市普遍存在雨水资源利用意识薄弱，对天然雨水资源的利用率极低的现象，大量雨水资源被直接排走，白白浪费，与我国水资源紧缺形成突出的矛盾面[50]。除了有针对性地进行水利工程投资建设外，合理利用雨洪资源也是缓解城市水资源压力的有效途径之一。

海绵城市的设计需要正确处理防洪排涝与雨水资源化利用之间的关系，明确雨水资源化利用的目标和方式。通过渗透设施下渗雨水，增加地下水补给量，不仅能够补充土壤水供植物生长，还有利于缓解地下水水位下降，减轻地面沉降程度，防止海水入侵，从而改善城市的水文循环。

5.1.2　控制城市面源污染，改善地表水质

城市面源污染是指城区降雨径流污染，即降雨冲刷城市地表，携带地表沉积物中的污染物质，对城市周边的受纳水体造成的污染。城市雨水径流含有很多来自人类活动和自然过程产生的污染物，包括悬浮固体、油脂、有机碳、营养物、重金属、毒性有机物、病原菌都会进入城市雨水径流，并汇入排水管网[51]。大量研究表明，初期雨水冲刷引起的面源污染极为严重。因此，控制城市地表径流成为治理面源污染最有效的途径之一。

海绵城市的建设能够削减城市面源污染，改善城市地表水水质。首先是海绵城市提倡少用硬质铺装，有利于减少污染物来源。其次是海绵设施对雨水径流中的污染物有一定的削减作用。相关研究表明，生物滞留设施对铅离子、铜离子和锌离子的去除率接近 100%，铜离子和铅离子出水浓度一般低于 $5\mu g/L$，锌离子出水浓度低于 $25\mu g/L$[52]。马里兰大学现场的生物滞留设施铜离子去除率为 $43\%\sim97\%$，铅去除率为 $70\%\sim95\%$，锌去除率为 $64\%\sim95\%$，钙离子去除率为 27%[53]。

5.1.3　改善生态系统，提升人居环境

海绵城市通过对城市植被、湿地、坑塘、溪流的保护、修复与恢复，可以明显增加城市绿地和水体面积，从而改善城市水循环，缓解城市热岛效应，净化城市空气，降低噪声污染，减少碳排放量，提供生物栖息地，改善城市的效益。同时，海绵城市通过设置绿色

屋顶、雨水花园、湿地等自然海绵体，丰富了场地及河湖水系的景观，提升了人们居住和生活的环境品质，为市民休闲提供了更多的活动空间。

5.2　社　会　效　益

海绵城市建设的社会效益主要包括加强防洪排涝、提高社会整体素质和提供就业机会等。

5.2.1　缓解城市洪涝灾害

城市防洪排涝是海绵城市的核心内容。传统的"快排"防洪标准低，仅有 3～5 年重现期短历时降水设计管道。随着全球气候变化，"快排"理念已经不适宜中国高速推进的城镇化进程。城市的迅速扩张导致管网建设、管理、维护成本越来越大。而且短历时强降水汇流过程会夹带产生大量固体进入管网系统，一处被"掐脖子"往往会引起整个区域排洪系统瘫痪[54]。

海绵城市采用就地下渗消纳的理念，降低城市汇流系数，既可以降低城市排洪管网的投资，又可以增加城市水循环，增加城市生态景观，减小城市扩张对水循环的影响。

5.2.2　增强节水意识和提高社会整体素质

海绵城市的建设，可以让人们在休闲娱乐的同时受到环保理念的教育。特别是组织市民参观海绵城市建设项目，更能让市民近距离了解海绵城市建设的目的、理念、技术和效果，增强人们节水、惜水和利用雨水的意识，有利于社会的可持续发展和提高社会整体素质。

5.2.3　提供就业机会

海绵城市的建设和运营，雨水收集、传输和处理利用等每一个环节，都涉及工程与设备，可以直接或间接地提供就业机会，增加社会就业岗位，解决一部分城乡劳动力就业问题，提高就业率，拉动国民经济发展，促进社会的和谐和可持续发展。例如固原海绵城市建设增加了 3000 余个有效就业岗位。

5.3　经　济　效　益

5.3.1　经济评价方法

海绵城市的建设和运营资金需求较大，对于项目建设方来说，项目方案的选择和建设成本的计算是其考虑的重点，因此常用费用评估（cost evaluation）法，是将海绵城市建设方案和传统建设方案的一系列建设成本进行直接比较，作为海绵城市项目的经济评价思路。而政府和公众更加关注方案的综合效益，通常将海绵城市项目建设运营全周期纳入研究范围，采用生命周期评价（life cycle assessment）法评估项目总体投入和产出比。相较于费用评估法，生命周期评价法更加全面和准确。

5.3.2　建设阶段效益分析

海绵城市的建设技术一般可分为非工程性技术措施和工程性技术措施。前者主要包括生态保护、水系管理、竖向优化、场地布置的优化、良好的城市管理等，往往不需要大量的资金投入；后者主要包括源头、中间和末端的"渗、滞、蓄、净、用、排"工程措施，需要较大量的工程资金投入。

海绵城市理念既适用于建成区改造，也适用于新城区建设，城区的建设若能在最初规划阶段将这一思想融入建设过程中，其成本就可大大降低，甚至比传统的以"灰色基础设施"为主的做法更节省成本，相对旧城区改造成本更低。

旧城区改造可以跟既有建筑节能改造、绿色建筑改建、"合改分"、景观提升和道路改造等项目结合起来统筹安排建设时序，一方面节约成本，另一方面可减少动土建设给公众带来的不便。

1. 国外案例[55]

就海绵城市项目建设费用评估而言，较为知名的案例有美国环保署（EPA）在2008年对全境16个低影响开发雨水系统建设项目进行的调查研究。以表5.3-1中的西雅图第二大街低影响开发雨水系统建设项目为例，评估者将项目建设费用分为几类，再分别进行传统项目费用和低影响开发雨水系统项目实际建设费用的计算，最后进行比较。

西雅图第二大道传统方案与低影响开发雨水系统方案建设费用比较　　表5.3-1

对比项目	传统开发（$）	低影响雨水开发（$）	费用节省（$）	节省比率
场地整理	65084	88173	−23089	−35%
雨水管理	372988	264212	108776	29%
整体铺设及人行道	287646	147368	140278	49%
景观	78729	113034	−34305	−44%
杂费	64356	38761	25595	40%
总费用	868803	651548	217255	25%

可以看出，道路项目低影响开发雨水系统成本较高的部分在于场地准备和景观美化。而其他部分的费用均低于传统开发方案。总体而言，低影响开发雨水系统方案还是有约25%的成本优势。更多低影响开发雨水系统建设成本案例如下所示：

（1）纽贝里市（Newberry）社区项目

该项目涉及250英亩（约101公顷）的土地。项目原有的雨水管理方案为传统的管道—蓄水池方案，该方案需要34英亩的土地空间作为蓄水池。而重新设计的低影响开发雨水系统方案则使用绿色雨道连接大部分绿地和生物滞留浅池，节省了很大的空间。低影响开发雨水系统方案的绿色区域共55英亩，其中33英亩的区域同时具有社区休闲娱乐和雨水下渗的功能。由于场地平整及管道铺设工程量和设施量的减少，低影响开发雨水系统方案较原有方案花费减少了290万美元。

（2）布雷登顿市（Bradenton）道路重开发项目

该项目内容为翻修和扩建一条1.25英里的现有道路。此前该道路的降雨未经处理直接流入临近的一处河口，但当地环境管理部门要求流入河口地表径流必须经过处理。因此，在2008年，一个传统污水处理系统的改造设计被提出。但由于道路范围内可供改造用的面积非常有限，加入传统系统的管道和池体需要额外的设施搬移成本。而2010年提出的低影响雨水开发方案则很好地解决了这一问题。该方案改造现有的人行道和自行车道，通过建设一条生态沟对雨水进行渗入和储存。根据两个方案的资料，低影响开发雨水系统方案在路堤建设、场地准备两方面成本高于传统方案，但在土方挖掘和管道建设方面有较大成本优势。综合来算，低影响雨水开发总造价节约近 20 万美元，建设成本降低 12%。

综合全部案例，低影响开发雨水系统方案较传统开发方案约降低 15%～80% 的建设总费用，这主要源于对场地的保护性开发思路下更少或更简单的工程量，更短的排水管道，更少的场地平整费用，减少的清理和除植被费用等。可见低影响雨水开发在项目建设阶段就具有明显的成本节约优势。

2. 国内案例

综合各地已开展的海绵城市建设项目的实践，估算海绵城市建设投资为 1.6～1.8 亿元/km²。表 5.3-2 所示为海绵城市的投资比例[56]。

各类海绵设施单价表　　　　　　　　　　　　　　表 5.3-2

分类	单项设施	所需投资比例	
		资金（亿元/km²）	比例（%）
渗、滞、蓄	下沉式绿地、透水铺装、绿色屋顶、植草沟、渗透塘、雨水调蓄设施等	0.5～0.6	30～33
净	人工湿地、生物滞留设施、河道治理等	0.1	5～6
用	雨水收集利用设施、污水再生利用、漏损管网改造等	0.4～0.45	22～25
排	排水防涝设施、城镇污水管网建设、雨污分流改造等	0.6～0.65	36～37
合计		1.6～1.8	100

其中渗、滞、蓄等源头减排项目投资约占 1/3。因此，现阶段在原基础设施建设项目投入的基础上（以旧城改造为主），海绵城市建设增加约 0.5～0.6 亿元/km² 的投资。

根据国内 40 多项海绵城市建设工程的投资，整理各类海绵设施单价如表 5.3-3 所示[5]。

各类海绵设施单价表　　　　　　　　　　　　　　表 5.3-3

海绵设施	单位造价估算（元）
绿色屋顶（m²）	100～300（简单式）
	400～900
透水铺装（m²）	50～400
下沉式绿地（m²）	40～80
雨水花园（m²）	400～1000
干塘（m²）	200～400
湿塘、人工水体（m³）	400～800
人工湿地（m²）	500～800
转输型植草沟（m）	20～50
过滤净化型植草沟（m）	100～300
植被缓冲带（m）	100～250
初期雨水弃流（容积法）（m³）	400～600
蓄水池（m³）	800～1200
人工土壤渗滤（m²）	800～1200

5.3.3　运营阶段效益分析

广义上，海绵城市项目运营所带来的各类收益都可能带来经济效益。但在实际计算中，一般重点计算比较容易转化为经济效益的雨水利用带来的直接收益，主要包括渗透补充地下水收益、雨水回用的收益、因消除污染而减少的社会损失、节省城市排水设施运行费用、降低洪泛损失等。

1. 渗透补充地下水收益

渗透补充地下水收益指由于低影响雨水开发措施的实施，通过增加渗透作用，截留雨水入渗回补地下水所带来的收益。这部分收益较为直观，一般以雨水径流减少量和单位径流减少收益计算。对于单位径流减少收益，美国一般以森林协会的一项全国性研究结果作为计算依据：该研究指出，1 立方英尺（$0.028m^3$）的雨水收集将带来 2 美元的经济效益（该标准考虑长期生态效益，因此标准较高）[57]。在我国，一般以水价或解决城市缺水的单位投资额作为单位水留存的收益标准。

2. 雨水回用的收益

雨水收集回用成本约为自来水价的 1/9～1/8，小区绿化、浇洒道路和景观用水全部可用雨水代替，节省了自来水费和物管费；对城市来说，雨水回用减少了社会用水量，节省了自来水厂投资，降低了污水厂处理成本，还利于城市的小气候调节。

3. 消除污染减少的社会损失

由于低影响雨水开发系统具有一定的污染去除作用，因而消除污染而减少的社会损失也是其运行收益之一。全球广泛使用的环境投入产出比为 1∶3[58]，因低影响雨水开发设施通常不包括污泥的处理，故多以 1∶1～1.5 作为环境治理投入的经济效益标准。若结合相应的排污费作为污染治理投入金额，则可将因消除污染而减少的社会损失计算出来。按排污费为 1 元/m^3 计算，低影响雨水开发项目实现的污染去除效益约为 1～1.5 元/m^3[55]。

4. 节省城市排水设施运行费用

低影响雨水开发措施减少雨水径流，客观上可有效减少向市政管网排放的雨水量，降低城市排水设施运行压力，从而节约相应的维护费用。按管网运行费用 0.08 元/m^3，污水处理费 0.6 元/m^3 的经验数据计算[59]，低影响雨水开发措施每留存 $1m^3$ 雨水，即可创造 0.68 元的经济效益。

5. 降低洪泛成本

洪涝灾害的经济效益包括减少由洪水引起的破坏损失和因雨水利用设施的建立而减少洪水控制设施的其他费用。据测算，通过海绵设施降低汇水流域 1% 洪水事件及其基础设施的效益为 0.6～0.9 元/m^2 开发面积[60]。

6. 总经济效益

综合来看，海绵设施在运营阶段可通过截留、净化雨水创造可观的收益。根据研究结算，运营阶段海绵城市的整体经济效益在 33 元/m^3[61]。当然，在某些项目中，海绵设施可能会导致运营成本有所增加，但一般而言，海绵设施的运营收益还是高于成本的。

仅仅从经济角度，海绵城市较传统方案通常更加物有所值。如果加上其他的非量化收益，海绵城市理念对城市的运行有着不菲的正效应。但也必须看到，海绵城市规划和举措之正效应的实现，实际是需要一系列前提条件作为保证的。这包括翔实的基础数据和设计工具，包括标准化的设计指导手册，也包括科学的对项目收益的价值评估体系。

第6章 固原海绵城市建设案例

6.1 项目概况

固原市地处西北地区，是国家第二批海绵城市建设试点城市，试点区域面积约23km²，建设周期为2016～2018年。固原市政府经过物有所值评价及财政可承受力评估，决定采用PPP（Public-Private-Partnership）方式建设固原市海绵城市项目。2016年8月，政府通过竞争性磋商的形式最终确定宁夏首创海绵城市建设发展有限公司作为固原市海绵城市试点建设主体。

固原市在申报海绵城市试点时，明确提出试点区域的范围边界，该边界即为海绵城市示范区范围，如图6.1-1所示。固原市海绵城市示范区范围23km²，六盘山东路以南，清水河以西，兴城路以北，秦长城生态文化园以东，涵盖部分老城区（原州区）、西南新区、固原市经济开发区，为项目服务范围。

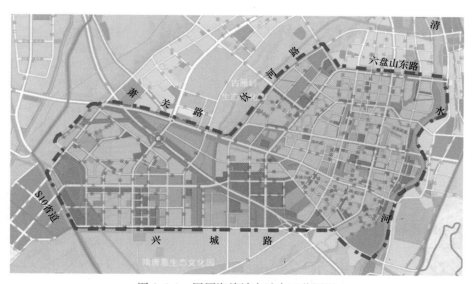

图6.1-1 固原海绵城市试点区范围图

经调整优化后的项目库共计123项，主要有建筑与小区、市政道路、公园与广场、清水河综合整治、给排水管网检测与修复、监测平台、海绵城市运营中心等类型，总投资约40.20亿元。

6.2 项目背景

6.2.1 区位概况

固原市位于宁夏回族自治区南部，黄土高原中西部，是古代丝绸之路东段北道必经之地。自然地理位置在东经 $105°20'$～$106°58'$，北纬 $35°14'$～$36°38'$ 之间，市域总面积 1.05 万 km^2，市区面积为 $45km^2$。固原市北邻中卫市和吴忠市，东、南、西三面分别与甘肃省的庆阳市、平凉市和白银市接壤。固原市区北距银川市 330km，西距兰州市 335km，东南距西安市 340km，位于银川、兰州、西安三个省会城市构成的三角地带的中心位置，也是"丝绸之路"经济带上的重要节点。固原市行政辖区包括一区四县，即原州区、西吉县、隆德县、泾源县、彭阳县。

6.2.2 经济概况

固原市社会经济发展较好。2016 年全市实现地区生产总值 239.88 亿元，比上年增长 8.2％。其中，第一产业实现增加值 49.19 亿元，增长 4.4％；第二产业实现增加值 61.13 亿元，增长 7.7％；第三产业实现增加值 129.56 亿元，增长 9.9％。三次产业结构由 2015 年的 20.8：27.2：52 转变为 2016 年的 20.5：25.5：54。

根据"十三五"时期经济社会发展的主要目标，到 2020 年，经济综合实力跃上新台阶，地区生产总值达到 350 亿元（现价），年均增速达到 8％（可比）以上。

虽然固原市近些年整体社会经济发展情况较好，但是 GDP 产值与全国和银川均值差距依然较大，如图 6.2-1 所示。2017 年固原市 GDP 总值为 270 亿元，约为银川的 15％，全国均值的 1％，综合经济实力较弱。

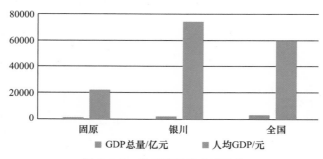

图 6.2-1　固原市经济水平对比

6.2.3 基础条件

1. 土壤地质条件

（1）地形地貌

固原市处于祁连山地槽东翼与鄂尔多斯台地边缘之间，在黄土高原的中间地带，是黄河流域的上游。总体特点是南高北低，基本地形由南向北、自西向东倾斜，平均坡降 18‰，境内地形复杂，受河水切割与冲击，形成沟壑纵横、丘陵起伏、山多川少、梁峁交错的地理特征，原州区坡度及高程分别如图 6.2-2、图 6.2-3 所示。

（2）地质土壤

固原市原州区属于清水河流域上游，清水河河谷平原由四级阶地及两侧洪积扇组成，地势南高北低。清水河平原南部，其基底为第三系和白垩系组成的向斜，北部延伸到同心县境内，平原周边为第三系和白垩系组成的基岩山区，盆地中形成了大厚度的第四系沉积物，南部和西南部山前地带以洪积为主，靠近现代河床以冲积物为主，地下水主要赋存于冲洪积所形成的砂砾石孔隙介质中，平原区第四系厚度约 200m。

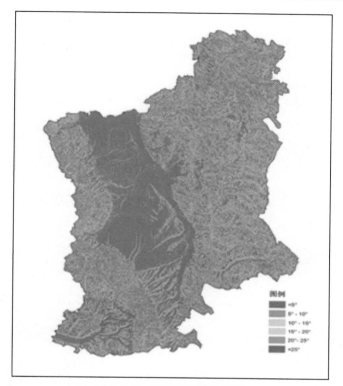

图 6.2-2　原州区坡度分析图

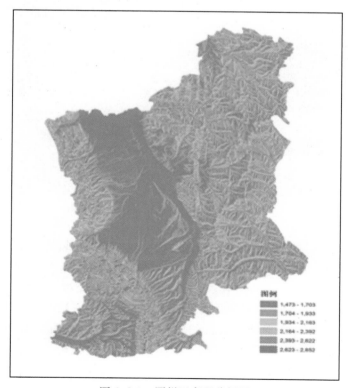

图 6.2-3　原州区高程分析图

一级阶地相当于东关路两侧的范围，东起河漫滩，西至内城西墙下的黄土陡坎，其地表为黄土状粉质黏土和轻粉质黏土，下伏砂砾石层和第三系红色泥岩及下白垩系乃家河组泥岩，地下水位3~5m。

二级阶地相当于人民路两侧的范围，东起内城西墙下的黄土陡坎，西至中山路与人民路之间的斜坡前缘，场地上层为黄土状轻粉质黏土，具有非自重湿陷性。下伏砂砾石层和上第三系甘肃统泥岩，地下水位15~20m。

三级阶地相当于中山路两侧及其以西的范围，场地土层为风积马兰黄土，具有非自重至自重湿陷性，下伏砂砾石层第三系寺口子组砂、泥岩。地下水位较深，达25~30m。

按中国湿陷性黄土工程地质分区，固原属于陇东—陕北—晋西地区（Ⅱ区），示范区内湿陷性黄土分布情况如图6.2-4所示。

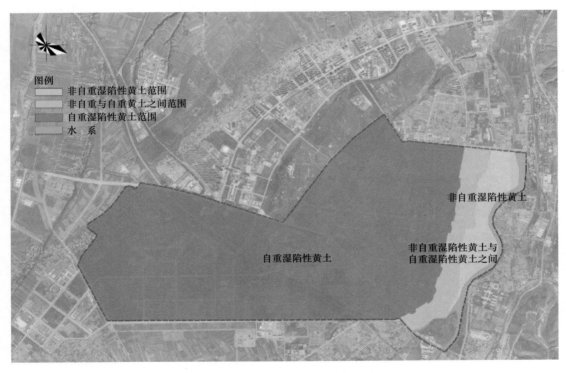

图6.2-4　湿陷性黄土分布情况

固原市处于华北地层和祁连地层区内，以龙盲~六盘深断裂为界，大部分地区为第四系黄土覆盖，构成黄土丘陵。由于地质构造的不同，加上经历了畜牧业、农牧业、旱作农业的不同发展阶段和自然条件的影响，形成了不同的土壤类型，主要包括灰钙土、黑垆土、山地土等几类，大部分土壤有机质含量低，蓄水能力差。从固原海绵城市建设已完成地质勘察报告中，选取18个具有代表性的地勘点位，结合地勘报告发现，场地湿陷类型为自重湿陷性场地，地基湿陷等级为Ⅱ级。地层情况以黄土状粉土为主，主要土壤类型有杂填土（素土）、黄土状粉土、角砾。黄土状粉土以湿陷性为界限分两层，对试点区进行地勘分析，本次选取试点其自重湿陷性土层深度平均在土层深度7~9m。黄土状粉土土层深度从 4.7~20m 未穿出。素土厚度 0~2.9m，较为稀薄。地勘点位情况见图 6.2-5 及图 6.2-6。

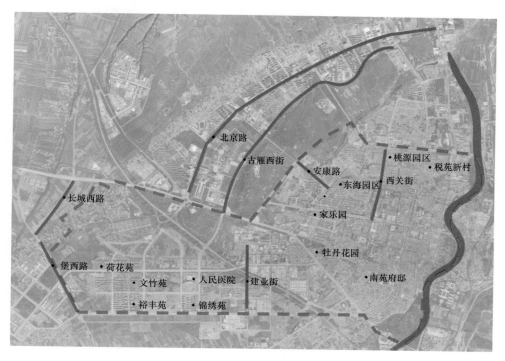

图 6.2-5　18 个地勘点位位置分布图

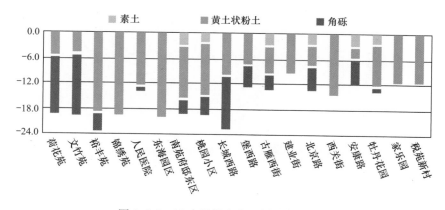

图 6.2-6　18 个地勘点位地层垂向分布图

2. 降雨条件

（1）全年总体降雨与蒸发情况

固原市中心城区属于清水河流域，降水年内分配不均，降水主要集中在 7、8、9 三个月，连续最大四个月降水量均出现在 6~9 月，总量占年降水量的 70% 左右，最大降水量出现在 7 月或 8 月，以 8 月出现次数居多，最小月降水量出现在 12 月，降水月均分布情况如图 6.2-7 所示。

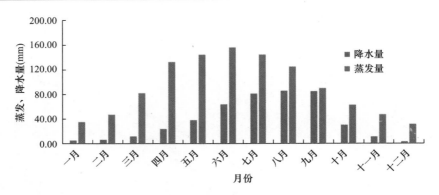

图 6.2-7　固原市降水月均分布

清水河流域多年平均降水量 466mm，多年平均水面蒸发量为 1471mm，水面年蒸发量 30.25 亿 m³，蒸发量始终高于降雨量。

清水河流域地表径流主要来源于大气降水，径流的空间分布趋势与降水大体一致，由南向北逐渐减小，变化幅度相差较大，在 20～100mm 之间，相差 80mm，平均径流深 35.3mm，年径流系数 0.09。

（2）短历时暴雨雨型

将各降雨历时的逐年最大降雨过程样本，以 5min 为间隔进行分段，统计降雨过程的雨峰位置系数，再将历时相同的逐年最大降雨样本的雨峰位置系数进行算术平均，最后将各历时的雨峰位置系数按照各历时的长度进行加权平均，求出综合雨峰位置系数 r。得出固原雨型雨峰系数 r 为 0.374。固原雨型 120min 的降雨雨型如图 6.2-8 所示。

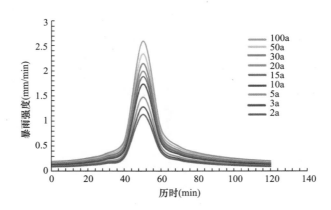

图 6.2-8　120min 固原雨型模拟曲线

（3）长历时暴雨雨型

根据固原基准站 1985～2015 年日最大降雨量，利用皮尔逊Ⅲ型分布曲线拟合，绘制不同重现期对应的长历时雨型，如图 6.2-9 所示。

3. 河道水系

固原市地处黄河流域的内陆区，境内河流有清水河、葫芦河、泾河、茹河，分属于清水河水系、葫芦河水系、泾河水系和祖厉河水系，如图 6.2-10 所示。

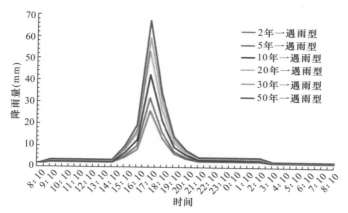

图 6.2-9　固原不同重现期长历时降雨过程

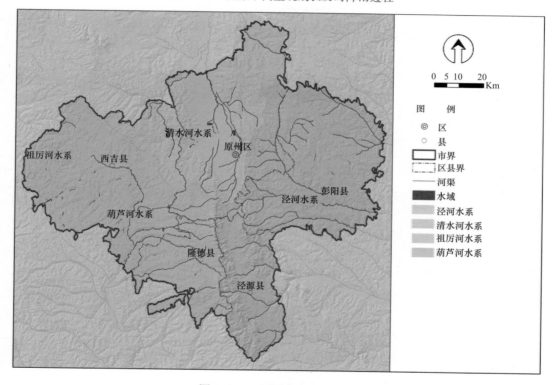

图 6.2-10　固原市水系分布图

　　清水河是宁夏境内直接入黄河的第一大支流，发源于固原市原州区南部的六盘山区，固原市内流域面积 2525km²，支流 30 余条，是为原州区提供水资源的主要水系。

　　中心城区境内的主要河流有清水河、马饮河、饮马河、大营河、中河等，清水河自南向北从城区东侧流过，分布图如图 6.2-11 所示，各流域面积见表 6.2-1。马饮河、饮马河属清水河一级支流，自西南向东北先后汇入清水河。西部新区有大营河、中河由南向北穿过，现状河道常年干枯。西南新区原本有深沟河，但随新区城市发展建设推进，逐渐被填埋掉。结合城市建设恢复和疏通城区内部水系，要尽可能避免填埋河道的情况发生，这样既可保障城市防洪安全也可改善城市景观和生态环境。

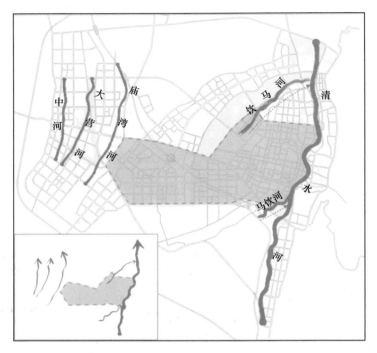

图 6.2-11　固原市城区水系流域分布图

各流域面积　　　　　　　　　　　　　　　　　　　　　　　表 6.2-1

序号	流域名称	面积（ha）
1	清水河流域（包含马饮河与饮马河流域）	9022
2	马饮河流域	3093
3	饮马河流域	498
4	庙湾河流域	928
5	大营河流域	1534
6	中河流域	653

6.3　面临的问题与挑战

6.3.1　面临主要问题

1. 蒸发量大，水资源短缺，利用效率低

固原市降雨量较少，多年平均降水量为 466mm，多年平均水面蒸发量为 1471mm，相比较而言，蒸发量远远大于降水量。固原市境内多年平均水资源总量为 5.66 亿 m^3，多年人均水资源占有量仅为 380m^3，仅为宁夏人均水资源量的 55%（考虑分黄指标后），约黄河流域人均水资源的 60%，不足全国人均的 1/6，比联合国规定的极端缺水地区人均占有量 500m^3 的标准还少 120m^3，固原市水资源量对比情况如图 6.3-1 所示。

固原市本身属于干旱地区，地下水匮乏，境内无充足水源，且由于地形等条件限制，水利基础设施短缺，阻碍了水资源的供应和利用。

固原市各行业用水结构如图 6.3-2 所示。用水结构以农业用水为主,约占总用水量的 77.20%,工业、城镇生活和农村人畜用水分别占 7.11%、7.86% 和 7.54%,生态用水占总用水量的 0.24%。

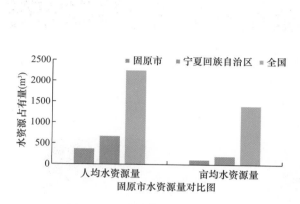

图 6.3-1　固原市水资源对比图

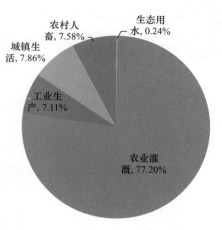

图 6.3-2　固原市各行业用水结构图

固原市农业以传统的内向型旱作农业为主,产业结构不合理,天然降水没有得到充分利用。同时由于大部分水利工程设施老化失修,节灌措施跟不上,水资源利用效率低下,农业灌溉水利用系数达不到 0.5。

2. 径流污染与合流制溢流污染严重

由于固原市区大面积的硬化,雨水径流污染严重,以 COD 作为参考指标统计分析,全年共计能产生 1382.10t/a,仅仅约 36% 进入到下游污水处理厂处理,其余大部分进入到清水河,对清水河造成严重污染。

固原市城区段主要是合流制区域,约占整个城区面积的 64.96%。一方面,合流制管道存在严重淤积、堵塞、腐蚀、破损等问题,导致管网常年处于高位运行状态;另一方面,管网与污水处理厂规模不匹配,现状水厂处理规模只能满足旱季时污水处理的需求。雨季时,管网本身的高水位运行与厂网不匹配导致合流制区域发生大面积溢流,严重污染清水河水体。

固原市的市政管网从建设完成以来,基本上未做清理、维护、保养、修复等工作,造成至少 50% 以上的管道存在堵塞问题,部分管道存在严重的腐蚀、破损、变形等问题,如图 6.3-3 所示。

图 6.3-3　现状管道淤积、腐蚀等问题(一)

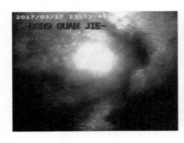

图 6.3-3 现状管道淤积、腐蚀等问题（二）

根据 2004～2015 年共计 12 年的降雨场次统计分析，超过 2mm 的降雨场次共计 42 场次，其中有 21 场次在雨季时产生了不同程度的合流制溢流问题，溢流发生频次超过 50%，如图 6.3-4 所示。

图 6.3-4 合流制溢流污染严重

固原市区卫生管理较差，存在大量生活垃圾随意丢弃的现象，如图 6.3-5 所示。据初步统计，河道市区段垃圾产生量共计 20.0t/a，垃圾产污量为 3.0t/a，是重要的污染源之一。大量的垃圾直接排入或者通过管道汇入河道，污染水质，影响景观环境。

图 6.3-5 垃圾随处可见

3. 局部区域存在内涝积水

现状合流制排水系统不完善，排水能力达不到 2 年一遇的标准，且管道存在严重淤积、堵塞、腐蚀、破损等问题，局部区域发生 90% 以上堵塞现象，常年处于高位运行状态。雨季时，下游排水管道不通畅，容易导致上游发生顶托现象，且城市坡度较大，大量山区汇入的客水无法及时进入排水管网，造成严重的积水问题，如图 6.3-6 所示。

图 6.3-6 六盘山积水点内涝冲击严重

　　根据降雨时的现场踏勘，积水点主要出现在宋家巷、火车站桥、六盘山热电厂、九龙路、六盘山西路等区域，积水点分布图如图 6.3-7 所示，具体积水范围和深度如表 6.3-1 所示。

图 6.3-7 市区主要积水点分布图

主要积水点相关信息表 表 6.3-1

编号	名称	积水深度	积水面积
1	六盘山热电厂	60cm	5000m²
2	火车站桥周边	60cm	2500m²
3	宋家巷	20～30cm	1500m²
4	西关街与开城路交叉口	20cm	300m²

编号	名称	积水深度	积水面积
5	六盘山西路与开城路	20cm	300m²
6	上海路与九龙路交叉口	15cm	300m²
7	上海路与六盘山路交叉口	15cm	300m²
8	兴城路与高速交叉口	50cm	1000m²
9	建业街与九龙路交叉口	40cm	600m²
10	横七路与纵二街交叉口	20cm	100m²
11	长城西路与309国道交叉口	15cm	200m²
12	九龙路与101省道交叉口	20cm	300m²

4. 清水河受损严重，综合整治难度大

清水河作为流经固原市市区的主要河流，主要依靠天然降水作为水源补给，并且蒸发量远大于降雨量，时常出现断流缺水的情况。部分河段的水成为死水，水质进一步恶化。清水河面临的主要问题如下：

（1）入河污染负荷大，超出河道受纳容量

清水河本身水质较差，无纳污能力，针对面源污染入河的现象没有采取相应的工程措施进行削减，河道两岸部分点源排污口存在未经处理直接排入河道的现象（图6.3-8），导致清水河污染负荷大，严重超出河道受纳容量。

图6.3-8　工业园区工业废水溢流口

（2）水域生态系统受损，无法发挥生态环境功能

清水河河道物理形态单一、横向连通性差、河床淤积严重、硬化岸坡大比例存在，河流生态系统退化严重。城区段水生动植物基本绝迹，全流域水生态系统也非常脆弱，水体基本丧失自净和自我修复能力。河道生态多样性较为单一，生物栖息地少，没有形成物种多样性和循环良好的生态环境，从而无法发挥调节区域生态环境的功能。

（3）部分河段河滩及河槽裸露，水土流失情况严重

固原市降雨分布不均匀，降雨集中在7～9月，且多为暴雨，瞬时降雨量较大，产生的降雨径流对清水河的自然河岸及河槽产生很大的冲刷作用，导致该地区在降雨时水土流

失严重，同时对河流生境基础结构造成严重影响。

　　另外，清水河两岸卫生管理不到位且基本无日常维护，垃圾随处可见，也给清水河治理增加了难度。

　　总体来说，清水河水量、水质双重问题并存，治理难度大，且景观展示效果差，如图 6.3-9 所示。

图 6.3-9　清水河现状情况

6.3.2　面临主要挑战

1. 湿陷性黄土及冻融潜在影响

（1）湿陷性黄土带来的影响

固原地区地处黄土高原，城市主体部分坐落在清水河西岸的一、二、三级阶地之上，场地上部为黄土所覆盖，部分区域属非湿陷性黄土场地，大部分区域属I、II级非自重湿陷性黄土场地及II～IV自重湿陷性黄土场地。固原市自海绵城市试点建设以来，一直面临着湿陷性黄土挑战，工程建设困难与建设成本增加。工程建设前期，需对该项目所在区域进行地质勘察，以便得出最新的湿陷性系数、湿陷性等级等详细资料，为施工设计提供依据。在湿陷性黄土地基上进行工程建设时，必须考虑因地基湿陷引起的附加沉降可能对工程造成的危害。

（2）冻融问题带来的影响

固原市属于高寒地区，昼夜温差大，冻融问题突出。往往造成地面下沉、道路路基变形等问题，威胁行车安全，影响交通运输等。

2.系统性整治、雨水回用和下渗关系平衡

固原市海绵城市试点建设综合考虑源头减排控制、过程控制、末端调蓄、水资源利用等子系统的衔接和配合。形成从源头到末端的综合系统，并通过科学评估整体的"经济账、生态账、政治账"，协调近期建设与远期维护成本，制定清晰、科学的系统方案，才能协调各子系统与分项整治要求，实现固原市海绵城市试点建设目标。

考虑到固原市水资源严重不足，城市发展对水资源的需求量越来越大，雨水资源化利用成为一种缓解水资源不足的可行有效的途径。根据相关资料，固原市地下水水深约20m，一方面基本无浅层地下水，另一方面部分城市的饮用水来自地下水的开采，而地下水的补给主要是靠降水，这就形成雨水收集利用与地下水补给的矛盾，平衡好雨水回用和下渗的关系十分必要。

6.4　建设目标

固原市海绵城市建设试点建设目标是按照科学性、典型性及体现固原特征的原则，依据国家部门相关政策要求，参考固原市相关规划成果，在充分考虑固原发展水平的基础上确定，具体指标如表6.4-1所示。

海绵城市建设具体指标体系　　　　　　　　　　　　　　表 6.4-1

序号	指标类型		现状值	目标值
1	一、水生态	年径流总量控制率	48.5%	85%
2		水域面积率	0.05%	4%
3		生态岸线恢复率	5%	100%
4		地下水埋深变化	—	保持不变
5		城市热岛效应	—	有所缓解
6	二、水环境	地表水体水质达标率	—	100%
7		合流溢流污染控制	34 次/年	不超过 13 次/年
8		初雨污染控制	0%	40%
9	三、水资源	污水再生利用率	10%	30%
10		雨水资源利用率	0%	10%
11	四、水安全	管网设计标准	不满足	2 年一遇
12		内涝防治	2 年一遇	消除内涝积水点，满足 30 年一遇
13		防洪标准	20 年一遇	清水河 50 年一遇，其他河道 20 年一遇
14		防洪堤达标率	100%	100%

6.5　总体思路与技术策略

6.5.1　总体思路

推进固原海绵城市建设的总体目标是修复城市水生态、改善城市水环境、提高城市水资源承载能力、保障城市水安全的综合性目标。

　　基于固原市的生态本底条件综合分析现状问题，新区以目标为导向，以源头和过程控制为主，老区以问题为导向，以末端治理为主，新旧结合。依据固原市海绵城市试点建设目标，按照源头减排、过程控制、系统治理的思路，提出可行、适宜的建设方案。

　　具体来说，固原市海绵城市试点区建设需要统筹协调各子系统（图 6.5-1），形成固原市海绵城市建设总体思路及对应控制体系：

图 6.5-1　固原市示范区海绵城市建设系统

　　（1）源头减排系统构建。

　　（2）排水管网改造以及合流制溢流调蓄等市政灰色系统构建。

　　（3）结合末端公园、水系的调蓄功能，协调周边绿地系统，构建末端调蓄与径流污染控制系统。

　　（4）结合固原本地降雨特征及用水量需求，构建雨水回用系统。

　　（5）利用固原市地形竖向特点，构建暴雨时超标排放雨水的漫流行泄通道，提高排水防涝能力。

6.5.2 技术策略

1. 建筑小区改造策略

通过现场踏勘后的整理及分析，对固原市建筑与小区按照内部空间竖向、绿地布局、基础设施等进行划分，分为无法进行改造区域、可进行雨污分流改造区域、可进行海绵城市改造区域。

现状固原市建筑与小区类型及分区明显，老城区（原州区）小区内部基本无绿地，西南新区多为新建小区，且内部绿地空间充足，因此大量的可改造建筑与小区集中于西南新区。

（1）无法进行改造的小区

小区大量分布于老城区内，基本是由1～2栋楼构成，小区内部有一条主要道路，道路宽度仅为2～3m，无施工作业面，没有条件改造。

（2）可进行雨污分流改造的小区

此类小区主要集中于老城区，内部施工作业面充足，基本无绿地空间。固原老城区的大量小区属于该类型，考虑固原市实际情况以及小区内部居民需求，主要进行地下管网改造，实现源头的雨污分流，减轻道路及污水处理厂排水压力。

（3）可进行海绵城市改造的小区

此类小区整体建设条件良好，绿地空间充足，竖向布局较合理，适宜进行海绵城市改造。该类小区多位于新区。小区改造策略图示例见图6.5-2。

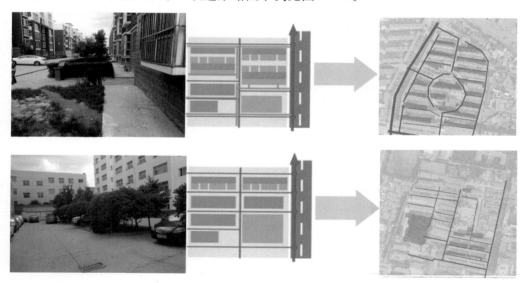

图 6.5-2　固原市源头小区改造策略图

2. 市政道路改造策略

结合固原市现状情况，将其内部道路分成三类进行统筹考虑，即不进行海绵化改造道路、机非隔离带海绵化改造道路（图6.5-3）、外侧绿化空间改造道路（图6.5-4）。固原市老城区内大量道路属于第一类型，没有空间进行海绵化改造；大量的新建道路及老城区内部分道路属于第二种类型；第三种类型道路较少。

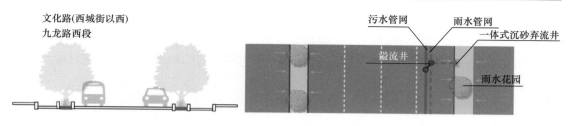

图 6.5-3　可利用机非隔离带道路改造策略图

图 6.5-4　可利用道路外侧绿地改造策略图

此外，针对地下管网改造提出具体改造策略。通过对道路两侧源头情况的梳理，如道路两侧存在大量合流制区域，建议保留源头及地下管网现状，通过末端 CSO 调蓄池进行调蓄控制；如道路两侧改造条件较好，可将地下管网进行雨污分流改造。地下管网改造策略如图 6.5-5 所示。

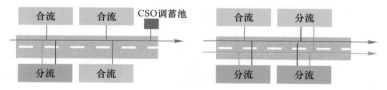

图 6.5-5　地下管网改造策略图

3. 公园绿地改造策略

固原市公园绿地面积相对较小，根据周围地势、管网竖向、雨污分流情况等，可充分利用公园绿地空间将周围的雨水收集并进行调蓄。一方面可以发挥调蓄、错峰等作用，另一方面收集的雨水可回用于公园绿地的绿化灌溉，如图 6.5-6 所示。

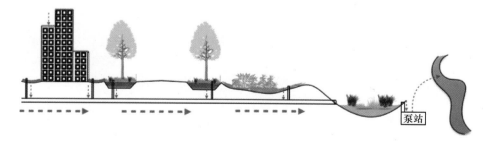

图 6.5-6　城市公园调蓄示意图

4. 雨水分级调蓄策略

固原市地处西北地区，干旱少雨，水资源严重不足。雨水系统分级调蓄主要目的是尽可能从源头滞留、过程调蓄、末端回用等多种途径将更多的雨水资源留下来回用。固原海绵城市将分为六级调蓄，分别是雨水罐存蓄、海绵设施滞蓄、雨水池存蓄、雨水管渠留蓄、末端公园绿地调蓄、清水河调蓄，通过这六种不同形式的调蓄，逐步实现对雨水的截留，实现雨水资源化利用，如图 6.5-7 所示。

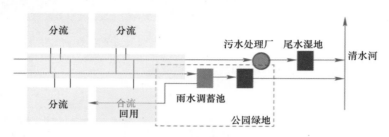

图 6.5-7　雨水系统分级调蓄策略

5. 合流制溢流调蓄策略

固原市老城区属于合流制区域，雨污分流改造难度大，无法彻底实现全部的雨污分流改造，对于不能进行雨污分流改造的区域，合流制溢流污染控制是十分必要与紧迫的。合流制溢流污染控制要与上游汇水区域、下游污水处理厂结合。雨季时，通往污水处理厂的截污干管的截留倍数有限，无法容纳更多的污水，可通过 CSO 调蓄池将污水暂存下来。雨停后可通过提升泵将污水提升到截污干管中，输送到污水处理厂进行处理后排入清水河，也可将污水提升到生态湿地净化后排入清水河补水，如图 6.5-8 所示。

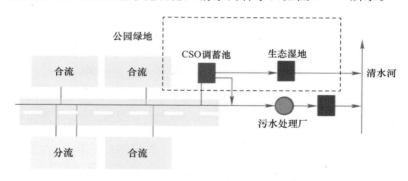

图 6.5-8　合流制溢流系统调蓄策略

6. 超标雨水径流控制策略

固原市超标雨水径流控制系统主要包括河道水系、道路行泄通道、调蓄设施等。暴雨时，既有管网排水能力不足，大量的雨水不能及时排走，雨水只能在地表进行排放或调蓄。主要的调蓄形式有河道水系、道路行泄通道、末端调蓄设施等，具体包括：

（1）河道水系

利用清水河的支流饮马河、马饮河及清水河等的末端排涝能力，发挥对大重现期暴雨的排涝功能。

（2）道路行泄通道

利用道路本身竖向条件以及道路周边的绿地空间条件，暴雨发生时对超标径流发挥临时的汇集及输送功能，排入周边水系或绿地调蓄空间。重点包括六盘山东路、上海路、南城路等城市主要道路。道路行泄通道的排水工况示意图如图 6.5-9 所示。

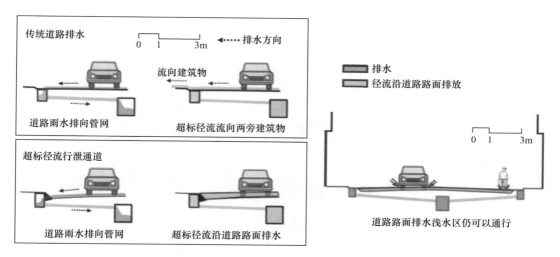

图 6.5-9 道路超标径流行泄通道示意图

（3）调蓄设施

利用饮马河湿地公园、九龙公园、龙盘公园等集中绿地空间，对超标径流发挥调蓄功能。调蓄设施应与排放通道有效衔接，发挥蓄排结合的综合作用，工作原理如图 6.5-10 所示。

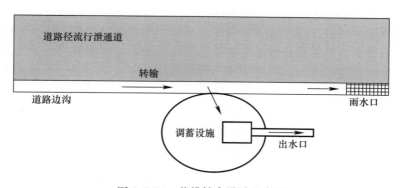

图 6.5-10 蓄排结合设计示意图

6.6 建设方案

6.6.1 总体方案

结合固原市本底条件分析与现场踏勘，提出"利用优先、治污为本、防涝兼顾"的实施理念，确定"问题与目标并重、源头过程末端兼顾、点线面统筹推进"的建设策略，如图 6.6-1 所示。统筹源头、过程、末端的建设思路，源头海绵化改造实现污染控制 30%～50%，过程＋末端实现污染控制 50%～70%。对应的建设方案如下：

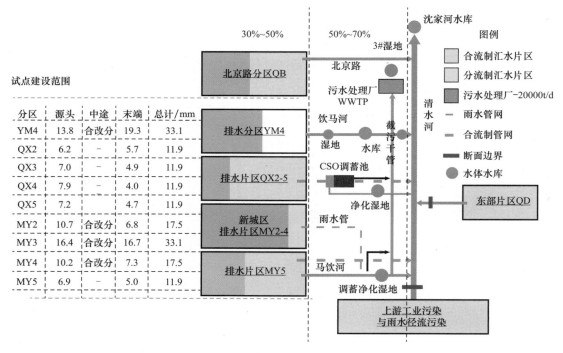

图 6.6-1　总体建设方案

（1）最大限度地进行源头海绵化改造，实现源头削减目标。

（2）完善与优化市政管网布局及城区段雨污分流改造，设计标准达到两年一遇。

（3）东关街截污干管优化及沿清水河西岸的 CSO 调蓄池建设，溢流频次不超过 13 次/年。

（4）构建末端多功能调蓄及超标雨水径流排放系统，提高排涝除险能力。

（5）构建雨水回用系统，合理高效利用水资源。

6.6.2　源头减排方案

1. 年径流总量控制率

固原市年径流总量控制率总体目标为 85%，对应设计降雨量为 17.5mm。为便于年径流总量控制率指标落实，指导分区源头径流控制系统构建，各排水分区的年径流总量控制目标确定需综合考虑各分区的问题和需求、用地类型、改造难易程度、不透水面积比例和绿地率等因素，如图 6.6-2 所示。通过采用"渗、滞、蓄、净、用、排"六大技术措施，灰色基础设施和绿色基础设施相结合，各排水分区的合理衔接，共同达到年径流总量控制目标。

2. 建筑与小区

基于场地踏勘的可达性调研，将前期筛选项目进行分级分类。明确重点示范性项目（A 级），按照汇水片区进行打包，对该类项目进行全过程的严格把控，从项目的方案设计、施工落实和运行维护加大投入力度，为项目改造做好引领示范性作用；梳理出高适宜海绵化改造类项目（B 级）；确定出可进行海绵化改造类项目（C 级）；筛选出难以进行海绵化改造项目（D 级），进行雨污分流改造。源头改造方案如图 6.6-3 所示。

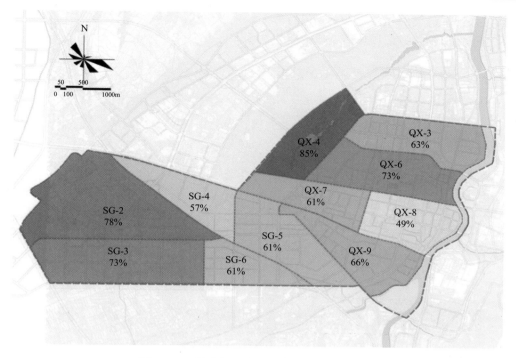

图 6.6-2　源头年径流总量控制率指标分解图

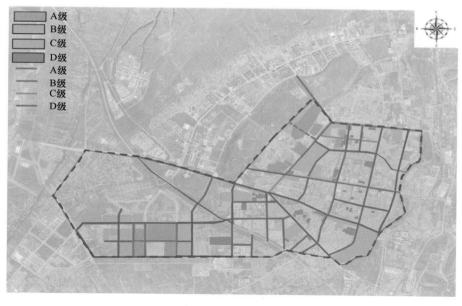

图 6.6-3　建筑与小区改造方案

3. 城市道路

　　鉴于固原市老城区大量道路绿色空间极为有限，进行海绵化改造有可能造成较大交通影响，因此首先需要对城市道路改造项目进行初步筛选，筛选原则如下：

　　（1）保留市政"合改分"城市道路。

（2）保留绿色空间相对较好，易进行海绵城市改造路段。

基于上述原则，海绵城市道路改造路段如图 6.6-4 所示。

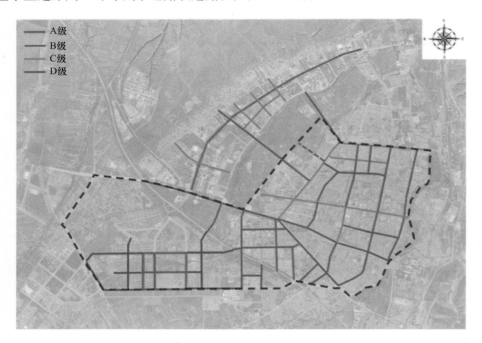

图 6.6-4　城市道路改造示意图

4. 城市公园与广场

结合海绵城市汇水片区改造要求，各公园改造必须协调周边汇水区域共同达标，并合理设置预处理设施。

6.6.3　过程控制方案

1. 雨污分流改造方案

结合上节中关于地下管网改造提出具体改造策略，通过对道路两侧源头情况的梳理与判别，确定是否进行雨污分流改造。若道路两侧存在大量合流制区域，建议保留现状管网，不做雨污分流改造，在合流制区域采用末端 CSO 调蓄池进行合流制溢流调蓄污染控制；若道路两侧源头区域可进行或者已经进行海绵化改造的，建议结合实际的改造空间，在条件允许的前提下进行雨污分流改造，保留原来的合流管作为污水管，新建雨水管，实现雨水与污水的分离，以便后续的雨水资源化利用。

基于以上原则，结合固原实际管网状态及固原海绵城市试点区域项目推进的情况，雨污分流改造方案如图 6.6-5 所示。

根据管网 CCTV 的调查情况结果分析，固原市原有已建管网长期缺乏清理与必要的维护，都存在不同程度的堵塞、脱节、变形等问题，严重影响固原市整个排水系统的排水能力。

针对管网现状存在的问题应采用不同的方式进行处理。对变形的管道进行管道更换修复、对堵塞管道进行机械或人工清淤、对于脱节管道进行复位修复。

图 6.6-5　雨污分流改造图

2. 截污系统完善——清水河西岸截污干管优化

固原市污水干管服务范围主要为老城区合流制污水、西南新区的污水等。选取 0.5 年一遇（2h 降雨为 15.16mm）作为参考，管径为 DN1200，才能保证不发生井盖顶托现象。经核算，截污干管末端管径为 DN1500，水力坡降 $i=0.002$，流速为 1.86m/s，输水能力可达到 2.4m³/s（充满度按 0.7 计算），而末端污水处理厂的日处理能力仅为 2 万 m³/d，厂网负荷能力无法相匹配。截污干管分段如图 6.6-6 所示，干管服务范围及输送能力核算见表 6.6-1。

另一方面根据管道普查情况发现，截污主干管基本上存在 50% 以上的堵塞，且大部分管道发生不同程度的破损，导致输水能力不足（图 6.6-7、图 6.6-8）。根据截污干管的现状，需要对干管进行修复与清掏，恢复管道原有的通行能力，并对破损严重的管道进行更换。另外，考虑下游污水处理厂处理能力有限，雨季时需对合流制污水进行末端调蓄，减轻下游水厂的负载。

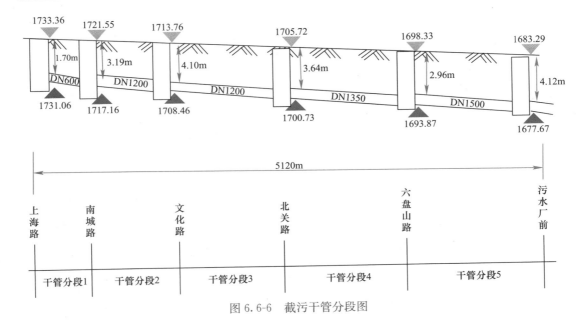

图 6.6-6　截污干管分段图

截污干管服务范围及输送能力核算　　　　　　　　　　表 6.6-1

编号	名称	服务面积（ha）	人口数（万人）	管径（mm）	最大输水能力（m³/s）	收集污水量（m³/d）
1	干管段 1	28.71	0.30	500	0.83	315
2	干管段 2	1267.60	6.072	1200	1.35	6376
3	干管段 3	1557.05	11.0055	1200	1.35	11556
4	干管段 4	1755.87	15.4077	1350	1.86	16178
5	干管段 5	2088.26	19.81	1500	2.46	20800

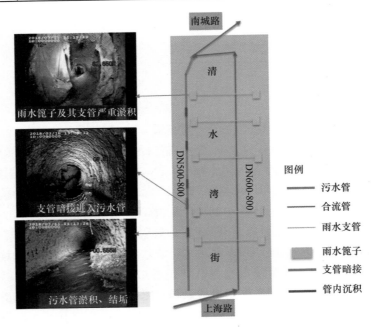

图 6.6-7　清水湾街截污干管现状图

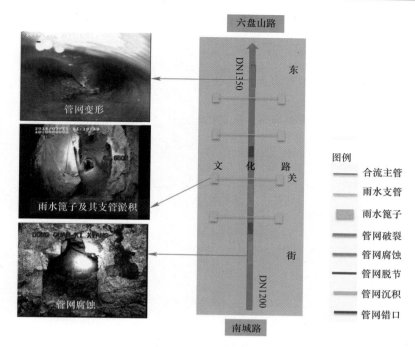

图 6.6-8　东关街（南城路—六盘山路）截污干管现状图

6.6.4　系统治理方案

1. CSO 污染控制方案

为了控制老城区合流制污染问题，从方案的综合性、可实施性以及后期的运行维护成本考虑，统筹管、池、厂的技术措施，处理合流制溢流污水，在污水处理厂附近低洼地处设 CSO 调蓄池一座，并作为污水处理厂预处理设施，为今后污水处理厂扩大规模作准备。考虑污水处理厂设计处理能力为 4 万 m³/d，旱季实际运行规模为 2.4 万 m³/d，雨季运行规模还不到 2.0 万 m³/d，污水厂的实际运行负荷未达到设计规模，可结合厂网一体化改造，并衔接 CSO 调蓄池，实现管、厂、池的高效运用。

老城区合流制区域的汇水面积为 913.80ha，初步核算调蓄规模为 2.4 万 m³。考虑工期和实际效果要求，调蓄可分为一期和二期分步施工，一期规模 0.8 万 m³，二期规模 1.6 万 m³。具体方案如图 6.6-9 所示。

2. 排涝除险系统方案

根据现场踏勘分析，试点区的涝水风险点如图 6.6-10 所示。

（1）西南新区物流园面积约为 2km²，目前属于雨污合流区域，合流水直接通过九龙路雨水管网汇流至海绵办门口，造成海绵办门口污水冒顶、雨水内涝。

（2）深沟河流域面积约 8km²，河道因西南新区开发建设被回填而截断，暴雨时上游河水汇至 101 省道形成地表径流，沿九龙路下泄，造成海绵办门口污水冒顶、雨水内涝。

（3）福银高速西侧农村区域目前无雨水管、污水管，旱季时污水散排，雨季时雨污合流通过地表径流汇流至福银高速西侧污水管，与九龙路汇合，造成海绵办门口污水冒顶、雨水内涝。

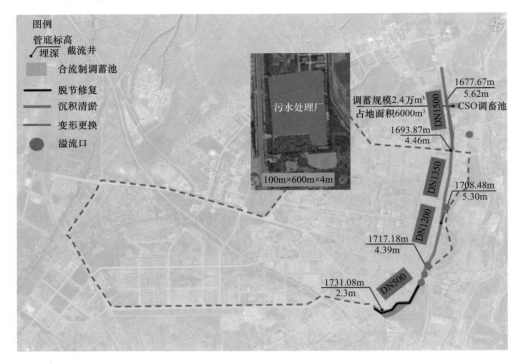

图 6.6-9　CSO调蓄池平面布置图

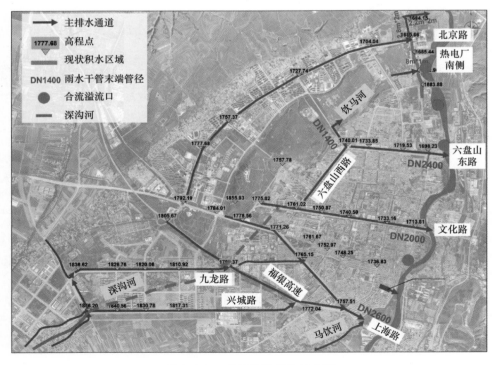

图 6.6-10　排涝除险系统示意图

（4）马饮河汇流面积约为 35km²，河道防洪标准为 20 年一遇，河道长年缺少清理维护，下游混凝管管径仅为 DN1000，暴雨时排洪能力明显不够，洪水通过地表径流直接冲至清水湾街，加重清水湾街的洪涝风险。

（5）明堡路汇流面积约 3.6km²，由于道路边沟截断，导致雨季时大量水通过地表漫流汇流至东关北街，导致积水严重。

根据现场踏勘，建议行泄通道末端进入受纳水体的路径如图 6.6-11 所示。主要行泄通道由东西向主干路构成，方向是由西向东，分别由南城路、上海路、文化路、六盘山路、福银高速外侧排水渠构成，主要受纳水体为清水河。主要行泄通道均可以直接将雨水径流排入受纳水体。

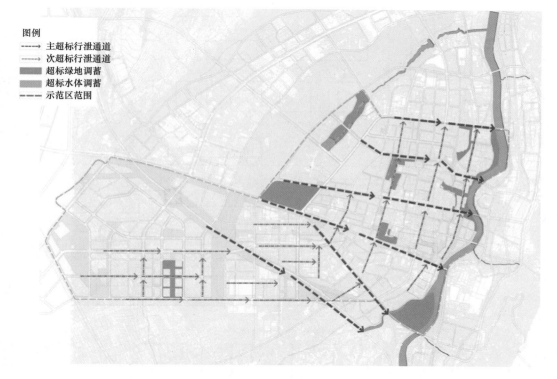

图 6.6-11　超标雨水行泄通道示意图

3. 清水河综合治理方案

清水河综合治理按照现状调查、水体污染负荷估算、纳污能力估算、确定治理措施的技术路线进行，如图 6.6-12 所示。

通过基础河槽整治工程、水生态构建工程、水质净化工程、生态岸线恢复工程、生态修复工程等一系列工程措施，改善水环境、恢复水生态、利用水资源、保证水安全，形成健康的水生态系统，结合丝路古城和红色六盘文化特色打造自然生态旅游景观，并实现表 6.6-2 的建设目标。

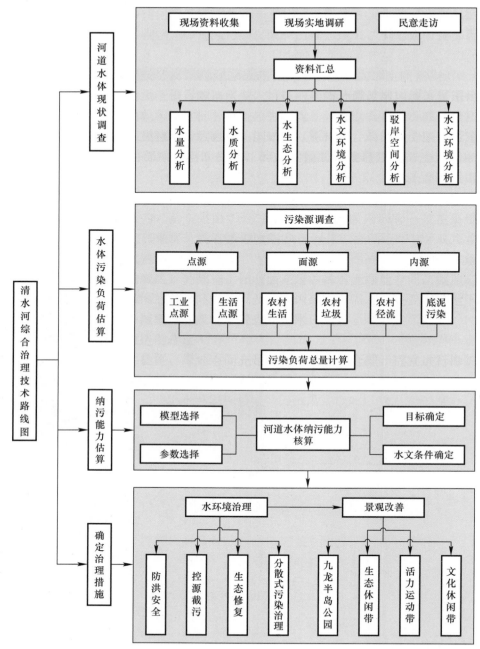

图 6.6-12　清水河综合治理技术路线图

建设目标　表 6.6-2

类型	建设目标
防洪标准	50 年一遇
水质要求	地表水Ⅳ类
	消除黑臭
生态岸线恢复率	100%
水域面积率	4%

6.6.5　雨水利用方案

1. 水资源需水量分析

综合考虑固原市降水量少，水资源不足，需加强对雨水的高效率利用，收集雨水主要可用来绿化灌溉、道路浇洒等。

道路浇洒、绿化用水量以用地面积分配比例计算，按《室外给水设计规范》规定，浇洒道路用水指标为 $2.0\sim3.0L/(m^2 \cdot d)$，浇洒绿地用水指标为 $1.0\sim3.0L/(m^2 \cdot d)$。结合项目区域气候、绿地情况、场地空间等条件综合考虑，设计浇洒道路和浇洒绿地用水量均按 $1.5L/(m^2 \cdot d)$ 计算。

由于固原地处西北地区，冬季不需浇洒道路及绿化，雨季无需浇洒。因此绿化灌溉及道路浇洒时间按 4~10 月考虑，固原平均降雨天数按 42d，浇洒道路、绿地用水天数按 172d 计。

2. 雨水利用工程

（1）雨水罐

根据统计分析，建筑与小区面积共计 367.58ha，屋面径流系数为 0.8，屋面共计可产生雨水 2120149.73m³，结合实际踏勘，初步估算屋面的雨水收集雨水率约为 4%，全年共计可收集雨水 84805.99m³。

（2）雨水调蓄设施

雨水调蓄主要分为湿地型雨水调蓄、集中型雨水调蓄、源头改造型雨水调蓄，调蓄设施分布如图 6.6-13 所示。湿地型雨水调蓄主要发挥调蓄、净化景观补水功能；集中型雨水调蓄主要位于公园绿地，充分利用公园绿地空间将周围的雨水收集并进行调蓄，一方面发挥调蓄、错峰等作用，另一方面收集下来的雨水可回用于公园的绿化灌溉；源头改造型雨水调蓄主要考虑在源头海绵改造、雨污分流后，根据周围地势、管网走向等合理布置调蓄设施用来收集雨水，收集的雨水可进行绿化灌溉，调蓄设施具体分布见表 6.6-3。

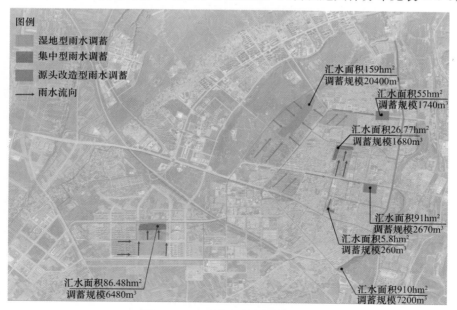

图 6.6-13　雨水调蓄设施分布图

141

雨水调蓄设施规模 表 6.6-3

编号	调蓄池	调蓄性质	汇水面积（ha）	调蓄规模（m³）
1	饮马河湿地公园	湿地型调蓄	159.38	20400.00
2	六盘山路调蓄池	源头改造型调蓄	55.42	1740.00
3	古城墙遗址公园	集中型调蓄	26.77	1680.00
4	西湖公园	集中型调蓄	5.80	260.00
5	文化路调蓄池	源头改造型调蓄	91.04	2670.00
6	丝路公园	集中型调蓄	86.46	6480.00
7	马饮河调蓄湿地	湿地型调蓄	910.72	7200.00

6.7 项目实施后效果

依据上述从源头减排、过程控制、系统治理三个方面系统化地开展固原市海绵城市试点建设，工程实施后，可达到试点建设目标如表 6.7-1 所示。

海绵试点建设目标前后对比 表 6.7-1

序号	指标类型		现状值	申报目标值	工程实施后预期值
1	水生态	年径流总量控制率	48.50%	85%	85.1%
2		水域面积率	0.05%	4%	1%
3		生态岸线恢复率	5%	100%	80%
4		地下水埋深变化	—	保持不变	满足
5		城市热岛效应	—	有所缓解	满足
6	水环境	地表水体水质达标率	—	100%	100%
7		合流溢流污染控制	31 次/年	不超过 13 次/年	不超过 13 次/年
8		初雨污染控制	0%	40%	60%
9	水资源	污水再生利用率	10%	30%	43.63%
10		雨水资源利用率	0%	10%	10.45%
11	水安全	管网设计标准	不满足	2 年一遇	满足
12		内涝防治	2 年一遇	消除内涝积水点，满足 30 年一遇	满足
13		防洪标准	20 年一遇	清水河 50 年一遇，其他河道 20 年一遇	满足
14		防洪堤达标率	100%	100%	满足

6.8 典型项目案例

6.8.1 玫瑰苑小区

1. 项目概况

玫瑰苑项目建设地点在固原市原州区西南新区，九龙路以北。玫瑰苑占地面积

43800m²。小区东西长 300m，南北长 146m，共有 17 栋住宅楼和 2 栋商业楼。小区中心区域设有大型地下停车库，地下车库上部覆土厚度在 1.2～1.7m 间不等。小区地质情况为一级非自重湿陷性黄土地区。如图 6.8-1 所示。

图 6.8-1　玫瑰苑小区改造前航拍图

小区绿化率约为 56%，各类用地面积如表 6.8-1 所示。

用地面积	表 6.8-1
总用地面积	43800m²
屋面面积	8492m²
绿化面积	24734m²
硬化面积	10574m²

小区排水管网为雨污分流制。建筑屋面雨水、路面雨水经建筑外地面通过雨水口进入雨水管网。

2. 建设理念与目标

根据《固原市海绵城市专项规划（2016～2030）》，玫瑰苑小区排水防涝标准为 2 年一遇，小区总调蓄容积 428.58m³，年径流总量控制率 90%（对应降雨量 22.6mm），雨水资源利用率为 10%。

通过技术比较，采用下沉式绿地、植草沟、雨水花园、雨水罐等海绵设施对屋面和地面径流进行转输、净化及储存，减少雨水径流量，提高防洪排涝能力，将 90% 的降雨就地消纳和利用，促进人与自然和谐发展。

根据小区现状及地形竖向，将小区划分为 11 个汇水分区。在每个汇水分区的绿地周边分别增设植草沟，中间做下沉式绿地和雨水花园，在室外地坪较低的住宅楼处，沿雨落管位置增设雨水罐。绿地与道路相接处采用开口道牙将路面雨水及时引向植草沟、下沉式绿地和雨水花园。在局部地势条件较差的地段利用找坡的方式组织地面径流，将雨水收集至海绵设施中。海绵设施溢流的部分通过小区雨水管网接入小区东侧模块蓄水池，利用人工铺设软管进行浇灌回用。设计流程如图 6.8-2 所示。

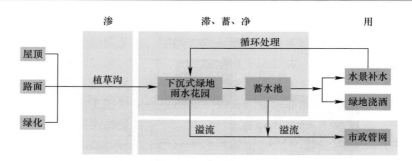

图 6.8-2　设计流程图

3. 总体布置及设施规模

小区内共设有下沉式绿地 11 处，总面积 512.62m²；雨水花园 10 处，总面积 650.35m²；植草沟总长度 464.34m。另设有室外地上式雨水罐 17 个，单罐容积 1.25m³，在小区东侧绿化带内设 PP 模块蓄水池一座，有效容积 168m³，蓄水池自带一体化埋地处理间及自控装置。在接近设施的汇水低点，路边道牙均改造成开口道牙。海绵设施规模计算见表 6.8-2。

海绵设施控制规模　　　　　　　　　　　　　　　　　表 6.8-2

名称	控制面积（m²）	有效蓄水深度（cm）	水量（m³）
下沉式绿地	512.62	20	103
植草沟	464.34	20	93
雨水花园	650.35	30	195
蓄水罐	—	—	21
蓄水池	—	—	168
合计			580

考虑固原的特殊地质情况，本小区海绵设计中的相关海绵设施均设于建筑外 5m 处，且设施下部均采用防渗土工膜包裹，防止渗水对建筑产生不利影响。另考虑固原干旱及蒸发量较大，雨水花园下部不设透水盲管，通过其植物的蒸腾作用调节环境空气的温度与湿度，改善小气候环境。小区设计平面图如图 6.8-3 所示。

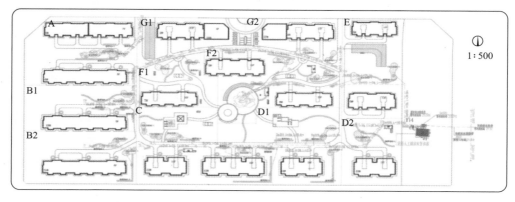

图 6.8-3　小区设计平面图

4. 典型设施建设

（1）雨水罐

在个别地坪较低的住宅楼处沿雨落管位置增设雨水罐，共设置雨水罐 17 个，对屋顶雨水进行收集。雨水罐采用 8mm 加厚 PP 塑料加工，圆柱形高 1.4m，宽 1m，上口中间开 40cm 宽的圆形进水孔，进水孔加装过滤设备。桶的下边加装两个一寸出水口，一个清淤，一个引水。雨水先进入雨水罐进行处理存蓄，使用时可连接软管，用于浇灌绿植和花草。

（2）PP 模块蓄水池

根据地形，在小区外设置蓄水池，下雨时将雨水储存于池内，并将储存雨水用于绿化和道路喷洒。蓄水池采用 PP 模块组合水池，水池有效容积 $168m^3$。单体尺寸为 $1000 \times 500 \times 400$（mm），承压 $\geqslant 0.40N/mm$；层间采用承插圆管进行连接，列间采用连接卡进行连接。蓄水池外面包裹一层 0.8mm 厚的 HDPE 防渗膜，如图 6.8-4 所示。

图 6.8-4　玫瑰苑小区蓄水模块施工过程

埋地设备间为 PE 成品设备间，规格尺寸为 $\phi1800 \times 2670$，内部安装全自动自清洗过滤器和紫外线消毒器。全自动自清洗过滤器设计出水精度为 $100\mu m$，当进、出水压差达到 0.05MPa 时或设定一定时间，系统自动进入反冲洗过程，反冲洗水量约占处理水量的 1%，反冲洗过程中设备不停止运行。紫外线消毒器选用高效率的 UV-C 紫外灯，紫外线透过率在 90% 以上。

（3）植草沟

在小区内绿地与道路交界处及雨水花园周边设置植草沟，将路面径流经开口道牙引至植草沟内，植草沟通过植被截流和土壤过滤处理雨水径流，可提高径流总量和径流污染控制效果，如图 6.8-5 所示。考虑小区为特殊地质湿陷性黄土地区，植草沟设土工布防渗，土工布单位面积质量 $\geqslant 200g/m^2$。土工布上下均使用 50mm 厚粗砂包裹，本工程植草沟蓄水深度均为 20cm，植草沟内均设置 De75 PE 盲管。

（4）下沉式绿地

小区设下沉式绿地，利用植被截留和土壤渗透，滞蓄、下渗、净化自身和周边雨水。考虑该小区为特殊地质湿陷性黄土地区，下沉式绿地设土工布防渗，土工布单位面积质量 $\geqslant 200g/m^2$。土工布上下均使用 50mm 厚粗砂包裹，下沉式绿地内均设置 De75 PE 盲管。本工程下沉式绿地蓄水深度均为 20cm，下沉式绿地构造如图 6.8-6 所示。

图 6.8-5　玫瑰苑小区建成植草沟

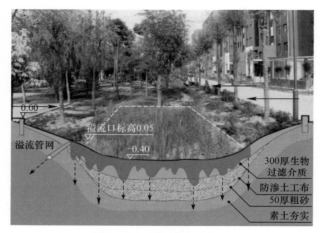

图 6.8-6　下沉式绿地构造

（5）雨水花园

雨水花园被用于汇聚并吸收来自屋面或地面的雨水，通过植物、土壤的综合作用使雨水得到净化，多余雨水经溢流式雨水口排至现有雨水管网或排水管网。考虑该小区为特殊地质湿陷性黄土地区，雨水花园设土工布防渗，土工布单位面积质量≥200g/m²。土工布上下均使用 50mm 厚粗砂包裹。本工程雨水花园蓄水深度均为 30cm，雨水花园构造如图 6.8-7 所示。

图 6.8-7　雨水花园构造

5. 建设成效

玫瑰苑小区改造完成后，排水防涝标准达到 2 年一遇，总调蓄容积为 580m³，年径流总量控制率为 90％，削减面源污染 70％。小区下沉式绿地率 2％，雨水花园率 2％，雨水资源利用率为 10％。小区改造后实景如图 6.8-8 所示。

图 6.8-8　建设成效

6.8.2　新城纵五街

1. 项目概况

新城纵五街位于固原市原州区西南新区（图 6.8-9），新城纵五街北起新城横三路，南至兴城路，道路全长 1296m，人行道宽度两侧各 4.5m，东侧绿化带宽 10m，西侧平均宽40m，绿化总面积 4.02ha。

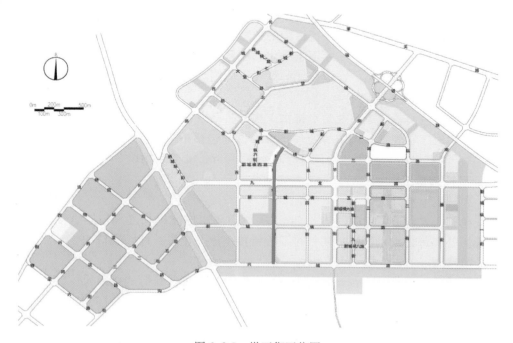

图 6.8-9　纵五街区位图

147

2. 建设理念与目标

新城纵五街是西南新区空间格局的重要组成部分，具有提升城市形象、改善城市环境、方便市民出行、促进城市发展等综合功能，是独具特色的城市带状道路。设计年径流总量控制率90%。

本次道路设计将道路绿化与海绵设施相结合，增加道路绿地滞水、渗水、蓄水的能力，减轻下游市政雨水管网负荷，提高城市防洪排涝能力。在绿地中建设植草沟、雨水花园、湿塘、蓄水模块等海绵设施，利用道路内的竖向条件，道路及周边的雨水径流经植草沟导入湿塘和雨水花园，最终汇集到蓄水模块对雨水再次利用，设计流程如图6.8-10所示。

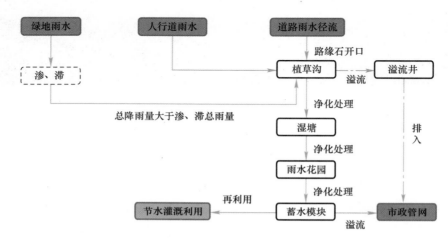

图 6.8-10　设计流程图

建设理念遵循自然本底条件干扰最小化，尽量减少对自然本底条件的破坏。方案设计时重点考虑交通组织的改善以及径流污染的控制，充分运用海绵城市建设理念结合交通设施，保证道路的正常功能同时兼顾雨水净化、滞蓄等功能，整体提升道路品质。同时遵循因地制宜，最小工程量原则，在较可能的情况下应用当前成熟的新技术、新材料。

3. 总体布置及设施规模

根据固原市西南新区道路及给水排水工程地质勘察报告，新城纵五街属于Ⅱ级自重湿陷性黄土，集水区域底部均做防渗处理，海绵设施包括植草沟1944m、平均容积21m³的湿塘21个、容积150m³的雨水花园7个、容积100m³的蓄水模块7个。

4. 典型设施建设

（1）人行道雨水导流口

新城纵五街人行道宽度两侧各4.5m，人行道雨水导流口长度同道路宽度，平均每隔40m布置一处，每处雨水导流口由3排盖板拼接而成，全段共计导流口43个。

（2）植草沟

在道路两旁的绿化带中各设置宽2m的植草沟，新城纵五街植草沟长度共1944m，如图6.8-11所示。绿化带的横坡均向植草沟排水，坡度为0.5%，植草沟的边坡坡度不宜大于1:3，纵坡为0.3%～2.5%。植草沟内种植的植物选用千屈菜、大花萱草、芨芨草等具有耐涝、耐寒、耐盐碱、耐污、耐冲刷特性的乡土植物。下雨时植草沟收集雨水并且下渗，当下渗饱和时，多余的雨水沿纵坡流向绿地低点的湿塘，经过沉淀及过滤最终收集于雨水花园。

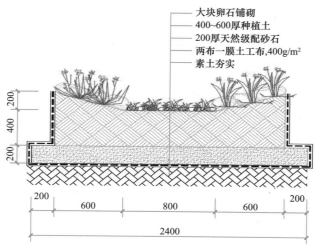

图 6.8-11　植草沟设计大样图

（3）湿塘

湿塘分为沉沙塘和蓄水塘两部分，沉沙塘池底及池边均为大块卵石，后期需要定期清淤，如图 6.8-12、图 6.8-13 所示。设计沉沙塘深为 0.3m、蓄水塘深为 0.4m。湿塘驳岸均为生态驳岸（置石驳岸），边坡坡度（垂直：水平）1∶3～1∶8。湿塘周边种植植物选用千屈菜、芨芨草等具有耐涝、耐冲刷、耐盐碱的抗逆性强等特性的乡土植物。新城纵五街湿塘共计 21 个，平均面积 60m²，平均蓄水深度 0.35m，总蓄水量为 441m³。

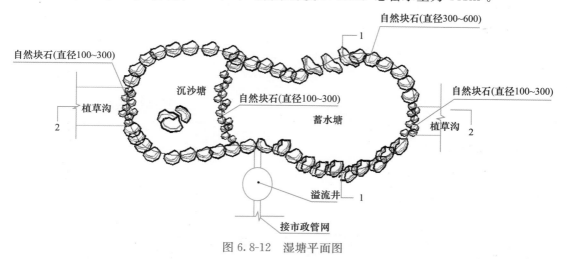

图 6.8-12　湿塘平面图

（4）雨水花园

雨水花园驳岸为生态驳岸，采用大块卵石与木桩结合的形式，边坡坡度 1∶3～1∶8。雨水花园内部适当点缀耐涝型灌木，灌木与组合景石点缀，相互映衬，提高枯水期景观效果。新城纵五街共设计雨水花园 7 个，平均面积为 150m²，深度为 0.4～0.6m，总蓄水量为 630m³，如图 6.8-14、图 6.8-15 所示。

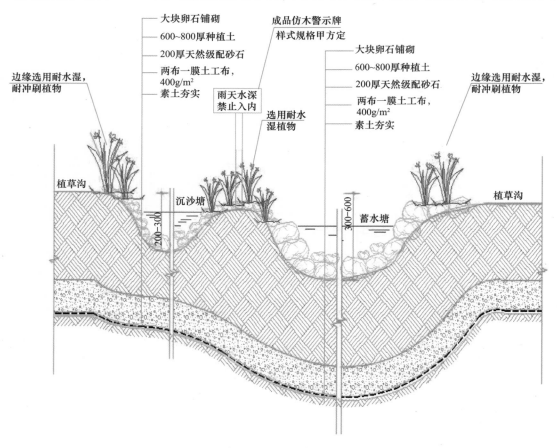

图 6.8-13　湿塘剖面图

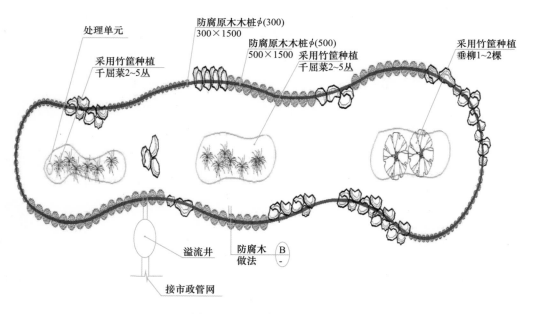

图 6.8-14　雨水花园平面图

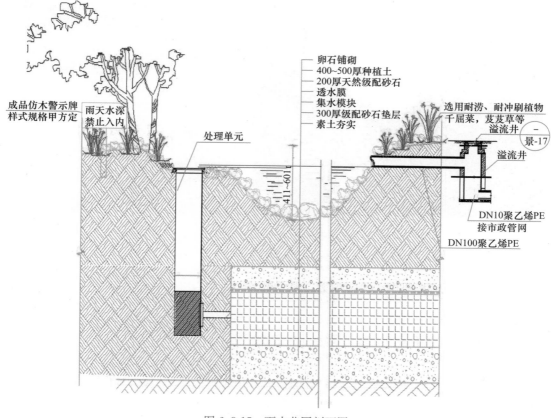

图 6.8-15　雨水花园剖面图

（5）蓄水模块

蓄水模块为可清洗型蓄水模块，设置有冲洗管安装位置，设有吸附垃圾冲洗措施和底部沉泥冲洗措施，可以解决模块吸附垃圾的清理问题以及底部沉淀物排放问题，保证了蓄水模块的有效蓄水性和出水水质。新城纵五街共设 7 个蓄水模块，每个容积 100m³。

5. 建设成效

新城纵五街建设完成后，道路及周边生态环境优美，景观效果得到了显著提升（图 6.8-16）。海绵设施的布置有效减少了雨水流失，补充了地下水。雨水径流经海绵设施后水质得到净化，最大限度地削减和控制了流域的面源污染，是具有雨水调蓄功能的绿化建设典范。

经核算，新城纵五街道路及绿地蓄水总量 974.46m³，海绵设施蓄水总量 1771.00m³。径流总量控制率 90.72%，对应降雨量 24.04mm。绿化用水替代率为 86.60%，雨水资源利用率为 20.81%。径流污染控制达到 70% 以上。

6.8.3　九龙公园

1. 项目概况

九龙公园位于固原市西南新区新城横七路和新城纵五街交界处，占地面积约 13.07ha。项目建设前周边没有免费开放的市政公园，周边大量高端楼盘的居民只能依赖小区绿化配套设施。场地内凹凸不平，处于高压线通道下，基础设施尚不完善，如图 6.8-17 所示。

151

图 6.8-16　建设实景图

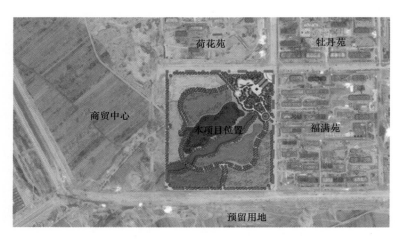

图 6.8-17　九龙公园周边情况

2. 建设理念与目标

本项目旨在运用海绵城市的技术措施，充分保留现有基础地形，提炼升华固原历史文化艺术、民族传统风情，将九龙公园建设成集观光、游乐、参与、求知、休闲、生态于一体，能适应时代发展要求的都市精品公园景区。

将公园绿化与海绵设施设计相结合，以年径流总量的95％控制率为建设目标，增加公园绿地滞水、渗水、蓄水的能力，减轻下游市政雨水管网负荷，提高城市防洪排涝能力。建成后提升城市居民生活空间环境，提高城市绿化覆盖率，解决城市内涝、水资源短缺、水污染问题。

3. 总体布置及设施规模

在深入解读公园周边场地特征的基础上，合理布局，构建合理的景观骨架与有秩的空间关系。根据现场地形，确立了西南高东北低的景观格局，同时从北侧的活跃的娱乐空间向南侧静谧的休憩空间过度，充分利用场地的特殊位置和现状条件，尊重原有的自然生态系统。公园平面布局如图6.8-18所示。

图 6.8-18　九龙公园平面布置图

东北三角地块作为整个公园重要的景观节点，整体以自然乡土风光为主，将乡土文化融入城市公园中。整体设计采用点线面结合的构图方式，在外环地带主要是以背景林为主，植物以长势较好、树形优美的大乔木为主，外环内侧主要以亚乔木、长青树为主，内环的设计主要是以小乔木及花灌木搭配为主。

中心微地形的植物以花灌木为主，纵横交错的小径两侧以花灌木以及树形优美、树冠较大的乔木搭配，形成蔚然成荫的特色小径，同时利用微地形和蜿蜒曲折的小径将整个设计若隐若现地呈现在居民眼前，在错综复杂的花海绿洲中，景观轴线由东北向西南扩展，形成强烈的区域轴线。

入口景观区视觉完全开放，健身区则通过地形和植物加以围合。整个公园的交通流线以环形的人行道游步道贯穿，主要的人行流线通过入口的整合联结，使之合理有效地贯穿于公园的每个景观空间，且步移景异。人在花丛、树丛中行走，充分利用乡土树种，强化生物多样性，形成可持续发展的生态体系。

九龙公园综合外排径流系数为 0.46，按 95% 年径流总量控制率计算，需设置体积为 3709.5m³ 的海绵设施进行调蓄设施。主要包括植草沟、下沉式绿地、生态树池等。同时合理利用贯穿九龙公园的一条自然水系深沟河为汇水范围内的最终的调蓄空间，最终调蓄容积应大于 11060.68m³。

道路与水通过路缘石开口进入公园，并通过台阶式、迂回式植草沟和大尺寸管道连通下沉绿地及深沟河，使汇水区内雨水系统组织起来（图 6.8-19），区域内海绵设施应具有系统性能、弹性性能，提高海绵设施整体的服务水平和承载能力。

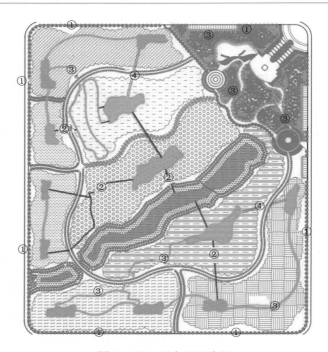

图 6.8-19　雨水组织路径

1—路缘石开口　2—台阶式植草沟　3—迂回式植草沟　4—大尺寸管道

4. 典型设施建设

（1）生态树池

九龙公园东北角广场停车区以种植乔木、大灌木与草被为主，本次设计根据停车区的设计地形标高、竖向及植物类型设置生态树池，如图 6.8-20 所示。

图 6.8-20　生态树池

树池砾石层内设 DN150 穿孔管接入市政管网，同时增设防渗土工布。树池设置溢流口，可以溢流进入植草沟，最终汇入下沉式绿地。

（2）植草沟

采用植草沟代替管道雨水系统，枯时保墒蓄水，涝时缓冲雨洪。回渗的地面径流经过植草沟的过滤，汇入公园内的深沟河，创建了场地自身良好的水循环系统，实现了人工水系零维护的"可持续发展"先进理念。植草沟采用本土的水生耐旱花草，成片的花草自然灵动，随风摇曳，壮观而生机勃勃，成为园路风景"道"的一大特色。

（3）下沉式绿地

九龙公园充分设计并使用了下沉式绿地，在地势较低的区域，通过植物、土壤和微生物系统蓄渗、净化径流雨水。

（4）末端深沟河调蓄

深沟河为东北—西南向贯穿九龙公园的一条自然水系（图 6.8-21），也是作为汇水范围内的最终的调蓄空间，以蓄代排，减轻排水压力。由于现状深沟河流域范围内基本以绿地为主，点缀有少量的农村居民房，因此在计算调蓄量时可暂按照绿地径流系数 0.15 计，又因深沟河流域位于固原市西南新区范围内，按照西南新区海绵类型公园的控制率 95％降雨量 33.1mm 计，可算得深沟河最终调蓄容积应大于 11060.68m^3。

图 6.8-21　深沟河现状

5. 建设成效

九龙公园是固原市海绵城市建设系统的重点，也是海绵城市格局的结构性支点，更是衔接西南新区雨水管渠系统和超标雨水径流排放系统的"连接器"。同时，九龙公园项目的建设较大程度改善了当地的环境和城市状况，绿化率高达 88.6％，提升了城市的品位，树立了良好的城市形象，促进了固原的和谐发展。九龙公园建成现状如图 6.8-22 所示。

图 6.8-22　固原九龙公园建成现状

6.8.4 清水河水系综合治理

1. 项目概况

本项目位于清水河固原城市段，南起四中桥，北至郑磨漫水桥，全长 10.25km，项目范围如图 6.8-23 所示。其中四中桥至火车站桥为城区段，长度 5.25km，西侧以岸边建筑围墙及现状公园外侧边线为界限，东侧以堤岸路肩外 50m（不满 50m 以到清河路为止）为界。火车站桥至郑磨漫水桥为郊区段，长度 5.0km，两侧范围以堤岸路肩外 50m 为界限。

图 6.8-23　项目范围

清水河作为流经固原市市区的主要河流，常年面临着缺水、断流的现象，基本上没有稳定的水源补给，只能依靠雨季时天然降水作为河道的水源补给。并且存在以下问题：

（1）清水河流域为黄土丘陵沟壑区，丘陵起伏，沟壑纵横，植被覆盖率低。由于降水集中，土壤常年干燥，一次暴雨产生的水土流失相当严重。清水河固原站实测多年平均输沙量 35.3 万 t，多年平均含沙量为 33.7kg/m³，多年平均输沙模数为 1680t/km²。

（2）清水河本身水质较差，无纳污能力，针对面源污染入河的现象没有采取相应的工程措施进行削减，河道两岸部分点源排污口存在未经处理直接排入河道的现象，导致清水河污染负荷大，严重超出河道受纳容量。

（3）清水河银平公路桥上游 330m 范围河道淤积厚度约 1.0～1.5m，清水河蓄水段河道内淤泥层厚度约为 0.1～2.2m。河底淤泥堆积一方面破坏了河道断面的完整性，影响河道的行洪能力，另一方面存蓄大量的污染物，导致一定的水体污染。

（4）部分河槽贴岸，加剧坡脚淘刷，或两岸直立式挡墙破损严重，岸坡不稳定，如图 6.8-24 所示。部分河段岸坡未防护，植被生长状况不佳，水土流失较严重，同时受雨水及水流冲刷作用，岸坡稳定存在隐患，如图 6.8-25 所示。

（5）清水河河道物理形态单一、河床淤积严重、硬化岸坡大比例存在，河流生态系统退化严重，从而无法发挥调节区域生态环境的功能。

图 6.8-24　火车站桥上游左岸岸坡现状情况　　　图 6.8-25　4 号橡胶坝左岸附近岸坡情况

2. 建设理念与目标

为使清水河达到防洪安全且兼顾水清、景美的综合效果。本项目主要建设内容包括基础河槽整治工程、水生态构建工程、水质净化工程、生态岸线恢复工程、生态修复工程。通过一系列工程措施，改善水环境、恢复水生态、利用水资源、保证水安全，形成健康的水生态系统，并结合丝路古城和红色六盘文化特色打造自然生态旅游景观，清水河项目的建设理念如图 6.8-26 所示。

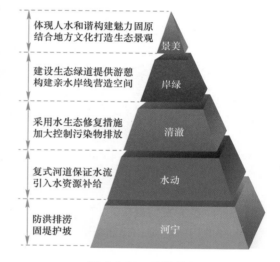

图 6.8-26　建设理念

以水质净化和水量平衡支撑生态景观的建设，本项目有如下治理目标：

（1）对清水河四中桥—郑磨漫水桥河段的河槽及岸坡整治，改善河道行洪排涝能力，确保城市防洪安全。

（2）对清水河四中桥—郑磨漫水桥河段的岸坡进行生态修复，既可保障城市防洪安全，又能提升城市生态形象。生态岸线恢复率目标 100%。

（3）通过实施水质净化工程，提升水体水质，改善清水河水生态环境状况。清水河地表水目标为 IV 类水。

（4）通过水生态系统构建工程，营造适宜水生动植物生长的生态环境，防止水质恶化。

（5）通过实施生态修复工程，打造一个集滨水活动、文化体验、健身娱乐为一体的滨水休闲空间，为固原人民提供一处休闲游赏的大型滨水公园。

3. 系统治理方案

（1）基础河槽整治工程

针对现状河槽贴岸，坡脚冲刷严重情况，本工程拟对河槽进行改线整治，整治河长约 2.75km。

1）基础河槽整治工程

基础河槽整治范围为清水河四中桥—火车站桥下游改建的 5 号跌水处，其中 1 号液压坝蓄水段（桩号 0+440～1+250）、2 号液压坝蓄水段（桩号 2+050～2+810）不考虑开挖基础河槽，开挖基础河槽总长3.42km，本工程将基础河槽布置于河道中央，呈"S"形布设。基础河槽的设计流量采用多年平均径流量最大月的径流量进行计算，为0.486～0.896m³/s，设计断面为梯形断面：槽底宽6.0m，深0.5m，坡比1∶2.0。

2）橡胶坝改造工程

本工程含两座橡胶坝改建工程，将现状1号橡胶坝及4号橡胶坝改建为液压升降坝。改建后1号液压升降坝净宽108m，改建后2号液压升降闸净宽78m。

3）跌水工程

本工程改建及翻建跌水5座，分别在桩号0+045、1+524、1+969、3+775、4+750位置。

（2）水生态构建工程

在流域水环境整治工程基础上，以保护和构建水生态系统，增强水体自净能力为核心，提出滨水生态构建工程体系，主要包括曝气增氧设施建设工程、水生植物构建工程、水生动物构建工程、水体微生物系统构建等工程来完善生境条件，复原水生态系统，改善水质条件，美化水上景象，逐步满足城市对水生态的服务功能要求。

（3）水质净化工程

固原市降雨期比较集中，初期雨水含大量污染物和泥沙，污水入河对河道水质及生态会造成严重影响。因此，本项目的雨水排口采用格栅＋水力自清洁式滚刷＋鱼腹式可调堰对雨水进行净化。

根据清水河现状水质，结合本工程建设目标，在约定的进水条件下，在1号液压升降坝（原1号橡胶坝）和2号液压升降坝（原4号橡胶坝）前蓄水区构建水质生态强化处理工程。除此之外，为防止水质恶化，将2号液压坝前水源提升至上游1号液压坝附近经过超磁一体化设备净化后再次进入1号液压坝前水体，1号液压坝前水体部分河水通过管道自流进入人工湿地处理后，排入清水河。整个活水循环可增强水系活性，保证水质达标。

另外，在突发情况下，水质急剧恶化时，可采用投撒底泥净化型微生物菌剂，削减现状蓄水区的内源污染；投撒具有净化水质的微生物菌剂，去除水体中的污染物。

（4）生态岸线恢复工程

本次治理段主河道总长10.25km，拟对全线的岸坡实施整治，整治岸坡总长19.44km（单侧）。其中，清水河（城区段：四中桥—火车站桥段）单侧整治长度8.246km，清水河（郊区段：火车站桥—郑磨漫水桥段）单侧整治长度11.194km。本次共采用七种典型护岸结构。对于1号液压坝—南河滩桥段现状破损严重的护坡，考虑与周边已建浆砌块石护岸

图6.8-27 新建浆砌石块挡墙

的衔接，结合生态护岸形式，采用自嵌式垂直生态挡墙的砌护形式（图6.8-27）；对于马饮河入口—1号液压坝段，考虑现状砌护为混凝土砌护，且基本完好，考虑采用生态活性水岸进行砌护；对于1号液压坝蓄水区考虑其生态效果及防渗要求采用阶梯式生态护岸＋黏土、格宾换填防渗（水平防渗）的砌护形式；对于4号液压坝蓄水区，采用阶梯式生态护岸＋混凝土防渗墙（垂直防渗）进行砌护；对于城区段岸坡未防护，植被生长状况不佳、水土流失

较严重的土质边坡，采用阶梯式生态护坡；对于现状完好的浆砌块石、混凝土垂直挡墙段，为减少水流淘刷，同时尽量避免施工时对现有挡墙的破坏，采用格宾网箱护脚，提高护岸的抗冲刷能力，保持边坡稳定；郊区段（即火车站桥至郑磨漫水桥段）主要以防洪安全为主，结合生态岸线恢复，采用格宾网垫护坡＋格宾网箱基础＋格宾网箱护脚进行砌护。

（5）生态修复工程

本次拟对河道两岸进行生态修复设计，主要针对九龙山半岛公园、滨水绿地公园、城墙公园、文化街公园等节点及河道两侧红线范围内带状区域，如图 6.8-28 所示。生态修复设计包括硬质广场设计，植物造景，栏杆更换，绿地标识系统设计，景区慢行系统规划，城市家具设计等。针对固原本地特色，在植物选种及构筑物造型上因地制宜，充分体现地域文化。

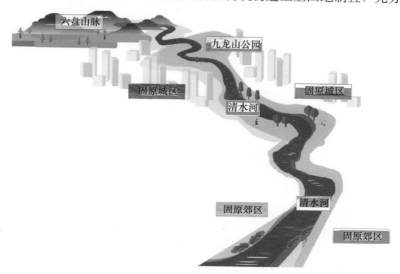

图 6.8-28　生态修复工程范围

4. 建设意义

清水河水系综合治理的实施对固原市加快海绵城市建设，进一步提升城市整体形象，打造宜居城市，促进地区产业脱贫，构建布局合理、生态良好、引排得当、循环通畅的城市水系结构具有重要意义。本项目采取工程措施和非工程措施相结合，合理确定河道的控导线，并结合周边环境特点，提高综合治理标准。同时注重保护河流的生态功能，结合不同工法，改善流域整体环境，体现了项目建设的整体性和综合性，形成具有地方特色的流域文化。项目建成效果如图 6.8-29 所示。

图 6.8-29　清水河综合治理效果图

参 考 文 献

[1] 仇保兴. 海绵城市（LID）的内涵、途径与展望 [J]. 给水排水，2015，41（3）：1～7.

[2] 中华人民共和国住房和城乡建设部. 海绵城市建设技术指南 [Z]. 2014.

[3] 中华人民共和国住房和城乡建设部办公厅. 海绵城市建设绩效评价与考核办法（试行）[Z]. 2015.

[4] 满莉，李雨霏. 海绵城市生态环境的绩效评价 [J]. 城市住宅，2018，（8）：6～10.

[5] 任心欣，俞露. 海绵城市建设规划与管理 [M]. 北京：中国建筑工业出版社，2017.

[6] 仝贺，王建龙，车伍等. 基于海绵城市理念的城市规划方法探讨 [J]. 南方建筑，2015，（4）：108～114.

[7] 章林伟，牛璋彬，张全等. 浅析海绵城市建设的顶层设计 [J]. 给水排水，2017，43（9）：1～5.

[8] 赵格，魏曦. 海绵城市专项规划编制技术手册 [M]. 北京：中国建筑工业出版社，2018.

[9] 戴忱，陈凌. 城市总体规划中落实海绵城市建设相关内容的研究 [J]. 江苏城市规划，2017，（7）：4～11.

[10] 谢水双. 海绵城市总体规划研究 [J]. 居舍，2018，（28）：135～135.

[11] 国务院办公厅. 关于推进海绵城市建设的指导意见 [Z]. 2015.

[12] 马洪涛. 关于海绵城市系统化方案编制的思考 [J]. 给水排水，2018，44（4）：1～7.

[13] 王文亮，李俊奇，王二松等. 海绵城市建设要点简析 [J]. 建设科技，2015（01）：19～21.

[14] 魏志文. 绿色建筑小区阶梯式绿地截缓径流技术研究 [D]. 重庆：重庆大学，2014.

[15] 黄建陵，文喜. 建设项目全生命周期一体化管理模式探讨 [J]. 项目管理技术，2009，7（11）：37～40.

[16] 熊博，汪健，杨泉鑫. 浅谈海绵城市设计技术要点 [J]. 绿色环保建材，2017（03）：109.

[17] 宋勇飞. 海绵城市施工技术 [J]. 住房与房地产，2016，21：244.

[18] 李永忠. 浅谈海绵城市建设的要求及其设计要点 [J]. 大科技，2017，29.

[19] GVL 怡境国际设计集团，闾邱杰. 海绵城市设计图解 [M]. 南京：江苏凤凰科学技术出版社，2017.

[20] 马姗姗，许申来，薛祥山. 城市在建小区海绵化实现思路的探讨 [J]. 住宅产业，2015，（12）：39～42.

[21] 陈宏亮. 基于低影响开发的城市道路雨水系统衔接关系研究 [D]. 北京：北京建筑大学，2013.

[22] Lindsey R. Sousa，Jennifer Rosales. Contextually Complete Streets. Green Streets and Highways 2010 © ASCE 2011：94～106.

[23] 探讨 LID 理念在城市水系规划中的体现 [A]. 王鹏. 新常态：传承与变革——态：传承中国城市规划年会论文集（01 城市安全与防灾规划）[C]. 2015.

[24] 严飞. 海绵城市建设中水系规划设计的思考与措施 [J]. 给水排水，2016，42（7）：54～56.

[25] 周伟伟. 北京屋顶绿化的机遇与挑战——访北京市园林科学研究院风景园林规划设计研究所所长韩丽莉 [J]. 中国花卉园艺，2017，17：34～36.

[26] 杭州网. 未来五年杭城将新增 30 万平方米屋顶绿化 [EB/OL]. http://hznews.hangzhou.com.cn/chengshi/content/2015-06/16/content_5810920.htm.

[27] 胡母上琪，郑寅. ACROS 福冈台阶状屋顶花园 [J]. 园林，2014，（11）：30～32.

[28] 王思思，苏义敬，车伍等. 景观雨水系统修复城市水文循环的技术与案例 [J]. 中国园林，2014，30（217）：18～22.

［29］ 苏义敬，王思思，车伍. 基于"海绵城市"理念的下沉式绿地优化设计［J］. 南方建筑，2014，（3）：39～43.

［30］ 单辰，戴玉亮. "海绵城市"，寿光有了样板［EB/OL］. http://paper. dzwww. com/dzrb/content/20151016/Articel21003MT. htm.

［31］ 寒笑，常雪芳. 千佛山等景区有了海绵城市模样，1.5 万 m² 下沉式绿地建成［EB/OL］. http://news. e23. cn/content/2015-07-23/2015072300719. html

［32］ 王海涛，陈朝霞，王志楠等. 海绵城市理念在城市公园改造中的应用——以济南泉城公园为例［J］. 园林科技，2016，4：23～29.

［33］ 刘月琴，林选泉. 人行空间透水铺装模式的综合设计应用——以陆家嘴环路生态铺装改造示范段为例［J］. 中国园林，2014，（7）：87～92.

［34］ 王文亮. 雨水生物滞留技术实验与应用研究［D］. 北京：北京建筑大学，2011.

［35］ 车生泉，谢长坤，陈丹等. 海绵城市理论与技术发展沿革及构建途径［J］. 中国园林，2015（6）：11：15.

［36］ 景观周. 爱丁堡雨水花园案例赏析［EB/OL］. http://www. chla. com. cn/htm/2016/0727/252265_2. html.

［37］ 雨水花园经典案例［EB/OL］. http://www. chla. com. cn/htm/2016/0727/252265_2. html.

［38］ 刘海龙，张丹明，李金晨等. 景观水文与历史场所的融合——清华大学胜因院景观环境改造设计［J］. 中国园林，2014，（1）：7～12.

［39］ 王茜. 基于海绵城市理念的湿地公园设计——以哈尔滨群力雨洪公园为例［J］. 中国花卉园艺，2017，（2）：54～55.

［40］ 赵彦若. 成都市活水公园建设与思考［J］. 低碳世界，2017，（30）：185～186.

［41］ 王思源，王向荣. 城市公共空间雨水资源利用的景观途径研究［J］. 中国园林，2014，（9）：5～9.

［42］ 中国江苏网. 今年镇江市区将安装 2000 只"海绵"雨水罐［EB/OL］. http://jsnews. jschina. com. cn/zj/a/201705/t20170518_519900. shtml.

［43］ 网易新闻. "海绵"让暴雨袭击后的城市"不看海"［EB/OL］. http://news. 163. com/17/0630/15/CO6I0T03000187VG. html

［44］ 门绚，李冬，张杰. 国内外深邃排水系统建设状况及启示［J］. 河北工业科技，2015，32（5）：438～440.

［45］ 叶蓓蓓，严若瑄，祝诸铭等. "海绵城市"生态系统中水文功能与景观设计——以"嘉兴海绵城市建设"为例［J］. 考试周刊，2016，（31）：16～20.

［46］ 赵坤辉，马松翠，马松豪. 植草沟在城市景观设计中的应用探讨——以西安浐河景观节点中的植草沟设计为例［J］. 城乡建设，2010，（30）：269～270.

［47］ 石家庄日报. 石家庄滹沱河滨水生态公园有了"吸水海绵"［EB/OL］. http://sjz. hebnews. cn/2016-11/25/content_6096052. htm.

［48］ 铜川市住房和城乡建设局. 游植物园，学"海绵城市"理念［EB/OL］. http://zjj. tongchuan. gov. cn/show. action? c=9&n=12276.

［49］ 韩雪丽. 海绵城市指标体系在控规中的应用研究［J］. 山西建筑，2015，41（28）：17～18.

［50］ 李炳贤. 浅谈海绵城市的建设［J］. 城市建设理论研究：电子版，2015，5（36）.

［51］ Davis A P，McCuen R H. Stormwater Management for Smart Growth［M］. New York：Springer，2005.

［52］ Davis A P，Shokouhian M，Sharma H，et al. Water quality improvement through bioretention：Lead，copper，and zinc removal［J］. Water Environment Research，2003，75（1）：73～82.

［53］ Davis A P C D，Shokouhian M. Bioretention monitoringpreliminary data analysis［J］. Environmental Engineering Program of the University of Maryland，College Park，MD，1997.

[54] 齐云飞，张平俊，Faith Chan. 基于海绵城市理念的城市雨洪资源综合开发治理研究［J］. 水利规划与设计，2018，(11)：17～19.

[55] 史方标. 算算海绵城市的收益账［EB/OL］. http://huanbao. bjx. com. cn/news/20150518/619437. shtml.

[56] 章林伟. 海绵城市建设概论［J］. 给水排水，2015，41（6）：1～7.

[57] 中国产业信息网. 2015 年我国海绵城市发展模式分析［EB/OL］. http://www. h2o-china. com/news/232484. html.

[58] 马恒升，徐涛，赵林波等. 低影响开发（LID）雨洪管理费用效益分析［J］. 价值工程，2013，(12)：287～289.

[59] 李美娟，徐向舟，许士国. 城市雨水利用效益综合评价［J］. 水土保持通报，2011，31（1）：222～226.

[60] 陈韬，李业伟，张雅君. 典型城市雨水低影响开发（LID）措施的成本-效益分析［J］. 西南给排水，2014，36（2）：41～46.

[61] 殷辉. 海绵城市设计对经济发展的作用［J］. 中国商论，2017，(25)：177～178.